Klaas Bente

# Echtzeitbildgebung mittels Magnetic Particle Imaging

Imprint of Infinite Science GmbH,
Technikzentrum | MFC 1
Maria-Goeppert-Straße 1
23562 Lübeck, Germany

Cover Design and Illustration: Uli Schmidts, metonym
Editorial and Copy Editing: Infinite Science Publishing

Publisher: Infinite Science GmbH, Lübeck, www.infinite-science.de
Printed in Germany, BoD, Norderstedt

ISBN Hardcover: 978-3-945954-35-5



Bibliografische Information der Deutschen Nationalbibliothek:
Die Deutsche Nationalbibliothek verzeichnet diese Publikation in der Deutschen Nationalbibliografie; detaillierte bibliografische Daten sind im Internet über http://dnb.d-nb.de abrufbar.

Author

**Dr. rer. nat. Klaas Bente**
Max-Planck-Institut für
Kolloid- und Grenzflächenforschung
Potsdam, Germany
E-mail: Klaas.Bente@mpikg.mpg.de

Series Editor

**Thorsten M. Buzug**
Institute of Medical Engineering
University of Lübeck

**Research Series of the Institute of Medical Engineering University of Lübeck**

The book series includes reserach foci of the Institute of Medical Engineering of the University of Lübeck, which is working on physical sensing and imaging instrumentation as well as image computing and system modeling in medical and technical applications.

In particular, the series covers the areas of medical and technical imaging using tomographic techniques. This includes the development of reconstruction algorithms, signal-processing methods, front-end electronics, and contrast agents.

Klaas Bente

# Echtzeitbildgebung mittels Magnetic Particle Imaging

Research Series of the
Institute of Medical Engineering
University of Lübeck – Volume 4

Infinite Science Publishing

# Danksagungen

An Thorsten M. Buzug für das Umfeld, in dem ich wissenschaftlich und persönlich wachsen durfte, für das Vertrauen und die daraus resultierenden Freiräume in meiner Arbeit.
An Matthias Weber für seine tägliche Begeisterung, Freude und Hilfe.
An Matthias Gräser, Anselm von Gladiß, Timo Frederik Sattel, André Behrends und Maik Stille für ihre immerwährende Hilfsbereitschaft und Durchsicht dieser Arbeit.
An Maren Bobek und Dirk Steinhagen für die umfassende technische Unterstützung.
An Marlitt Erbe für die Unterstützung in meinen Anfängen.
An das gesamte MPI-Team des Institutes für die enge und freundschaftliche Zusammenarbeit.

An Silvia und Matthias Schmidt und Anne und Michael Janke für stete Hilfe in der Not.

An meine Eltern Angelika und Wolfgang Bente und meine Schwester Annika Bente für die beständige und vielfältige Unterstützung.

An meine wunderbaren Kinder Leonora und Janosch.
An meine geliebte Frau Bonni.

# Kurzfassung

Das Voranschreiten von medizinischer Diagnostik, Therapie und Forschung basiert auf der Entwicklung der medizinischen Technologie. Eine bahnbrechende Entwicklung aus dem 20. Jahrhundert ist dabei die medizinische Bildgebung, welche speziell die medizinische Diagnostik und Forschung revolutioniert hat. Zentrale Parameter in der medizinischen Bildgebung sind die örtliche und zeitliche Auflösung und die Schädlichkeit eines Verfahrens. Erfolgreich durchgesetzt hat sich beispielsweise die Computertomographie, welche eine hohe örtliche und zeitliche Auflösung gewährleistet, dabei jedoch auf ionisierender Strahlung beruht. Ebenfalls etabliert ist die Magnetresonanztomographie, welche eine hohe örtliche Auflösung ohne ionisierende Strahlung bietet, dabei jedoch eine geringe zeitliche Auflösung aufzeigt. Umfassende Anwendung findet ebenfalls die Ultraschallbildgebung, welche ohne ionisierende Strahlung funktioniert und eine Echtzeitrekonstruktion von morphologischen und funktionellen Daten ermöglicht. Nachteilig hierbei ist jedoch die geringe örtliche Auflösung im Bereich von Millimetern und das häufige Auftreten von Artefakten.

Das 2005 von Gleich und Weizenecker [1] vorgestellte Verfahren Magnetic Particle Imaging (MPI) kann eine hohe räumliche und zeitliche Auflösung erzielen, ohne dabei auf ionisierender Strahlung zu beruhen. Dabei wird die räumliche Verteilung von superparamagnetischen Nanopartikeln ermittelt, welche in der medizinischen Anwendung dem Patienten injiziert werden können. Zur Signalgenerierung und -kodierung werden dabei zeitlich und örtlich veränderliche Magnetfelder genutzt. Das Potential dieser Technologie wurde 2009 aufgezeigt, als eine dreidimensionale Nanopartikelverteilung in einem hochfrequent schlagenden Herz einer Maus zeitlich aufgelöst dargestellt werden konnte [2]. Die verwendete Nanopartikellösung war dabei ein klinisch zugelassenes Kontrastmittel aus der Magnetresonanztomographie, womit ebenfalls die klinische Umsetzbarkeit der Partikelinjektion bewiesen ist.

Zur örtlichen Kodierung wurde initital ein feldfreier Punkt verwendet, wodurch zu jedem Messzeitpunkt lediglich Partikel in einem örtlich stark begrenzen Bereich zur Signalgenerierung beitragen. Dieses Konzept konnte auf eine feldfreie Linie (FFL) erweitert werden, wodurch wesentlich mehr Partikel zu jedem Messzeitpunkt zur Signalgenerierung beitragen können [3]. Die zu erwartende Sensitivitätssteigerung konnte in der selben Veröffentlichung gezeigt werden. Der vorgeschlagene Aufbau war allerdings aufgrund der hohen Anzahl an Elektromagneten nicht umsetzbar. In [4, 5] konnte gezeigt werden, dass ein energieeffizienter FFL-Scanner mit wenigen Elektro- und Permanentmagenten umsetzbar ist. Diese Umsetzbarkeit konnte durch die Implementierung eines Felddemonstrators in [6] bestätigt werden.

In dieser Arbeit wird ein, auf den vorgenannten Publikationen basierender FFL-MPI-Scanner theoretisch beschrieben, entworfen und die Implementierung dokumentiert. Um eine Echtzeitrekonstruktion zu ermöglichen, wird eine Approximation zur Sortierung der gemessenen Partikelsignale vorgeschlagen. Zur Beschreibung der gemessenen Signale wird ein Modell der Partikelmagnetisierung herausgearbeitet, welches erfolgreich zur Beschreibung und Entfaltung der induzierten Signale eingesetzt wird.

Mit dem so gefertigten Aufbau, der Signalsortierung und der Beschreibung des Magnetisierungsverhaltens war es möglich, Echtzeitbildgebung mit Echtzeitrekonstruktion zu betreiben, was ebenfalls in dieser Arbeit dokumentiert ist. Somit konnte erstmals die Echtzeitbildgebung mit einer FFL betrieben werden und allgemeiner die Fähigkeit zur Echtzeitrekonstruktion des Verfahrens MPI bewiesen werden. Als Resultat daraus ergibt sich das Potential zur Skalierung des hier gezeigten Aufbaus mit dem Ziel der Anwendung am Menschen.

# Inhaltsverzeichnis

# 1 Einleitung



Wissenschaftlicher Fortschritt wird durch verbesserte Beobachtungsmethoden vorangetrieben[1]. Die medizinische Bildgebung hat in den letzten Jahrzehnten die medizinische Forschung und Diagnostik revolutioniert. Die dabei am weitesten verbreiteten Verfahren sind die Röntgendiagnostik, die CT (Computertomographie), die MRT (Magnetresonanztomographie), die fMRT (funktionelle Magnetresonanztomographie), die Ultraschallbildgebung, die PET (Positronen-Emissions-Tomographie), die SPECT (Einzelphotonen-Emissionscomputertomographie) und die Szintigraphie.

Neben der Verbesserung oder dem prinzipiellen Ermöglichen von Diagnosen kann das Verwenden dieser Verfahren auch zur Vermeidung überflüssiger Behandlungen führen, was einen gesundheitlichen Vorteil für die Patienen und einen

[1]nach Herb Brody in [7]

finanziellen Vorteil für die Kostenträger im Gesundheitssystem darstellt [8].

Das 2005 vorgeschlagene Verfahren MPI (Magnetic Particle Imaging) ist eine Bildgebungstechnik, welche hohes Potential für die Anwendung in der Medizin birgt. Dieses Potential ergibt sich aus einer Kombination von Schädlichkeit, Sensitivität, räumlicher und zeitlicher Auflösung sowie der Rekonstruktionsgeschwindigkeit dieser Technik.

## 1.1 Motivation und Grundprinzip

In dem 2005 von Gleich und Weizenecker vorgestellten Verfahren MPI wird die örtliche Verteilung von magnetischen Nanopartikeln tomographisch ermittelt [1],[E1]. Das Prinzip dieser Technik beruht darauf, dass die Partikel in einem starken, zeitlich veränderlichen, externen Magnetfeld ein nichtlineares Magnetisierungsverhalten aufweisen. Diese nichtlineare Magnetisierungsänderung ist in Empfangsspulen messbar. Durch die Überlagerung eines weiteren, örtlich veränderlichen Magnetfeldes kann ein direkter Bezug zwischen Zeitpunkt der Signalgenerierung und Position der signalgenerierenden Partikel hergestellt werden. Somit stammt sämtlicher Kontrast in den generierten Bildern von der örtlichen Verteilung der Nanopartikel.

Die Technik erzielt eine hohe räumliche und zeitliche Auflösung erzielen, ohne dabei auf ionisierender Strahlung zu beruhen. Dabei werden superparamagnetischen Nanopartikeln ermittelt, welche in der medizinischen Anwendung dem Patienten injiziert werden können. Die Biokompatibilität der einer dazu eingesetzten Nanopartikellösung wurde bereits in der initialen Veröffentlichung [1] bewiesen. Es wurde das Kolloid Resovist® verwendet, wobei es sich um ein ein klinisch zugelassenes Kontrastmittel aus der Magnetresonanztomographie handelt. Eine populäre Demonstration des Potentials dieser Technik fand 2009 statt, als das schlagende Herz einer Maus zeitlich aufgelöst dargestellt werden konnte [2].

Die MPI-Forschung umfasst mittlerweile die Verbesserung von Nanopartikeln, von Rekonstruktionsalgorithmen, von Scannergeometrie und -hardware und von Strategien zur örtlichen Kodierung.

## 1.2 Originalbeiträge

Beinahe alle bisher implementierten MPI-Scanner nutzen zur Ortskodierung einen FFP (feldfreier Punkt) [9]. Zur Erhöhung der Sensitivität des Verfahrens kann eine FFL (feldfreie Linie) zur örtlichen Kodierung eingesetzt werden [3]. Neben den verschiedenen realisierten FFP-Scannern, existierten bisher lediglich zwei Scanner, welche eine FFL zur räumlichen Kodierung nutzen [10, 11]. Realisiert wurden dabei allerdings in ihrer Rotation statische Selektionsfelder. Die Scanner konnten zwar die Umsetzbarkeit der Kodierung bestätigen, doch muss das zu scannende Objekt bei einer Aufnahme mechanisch rotiert werden. Damit ist die resultierende Bildgebungszeit erheblich von der Echtzeitfähigkeit entfernt und auch die Umsetzbarkeit in der Klinik ist nicht gegeben.

Das erfolgreich umgesetzte Ziel dieser Arbeit ist die Entwicklung und Implementierung eines FFL-Scanners mit elektronisch rotierbarer Linie, welcher in [12] vorgeschlagen wurde. Damit konnte eine Bildgebungsrate von 100 Bildern pro Sekunde erzielt und so eine, für das menschliche Auge zeitlich aufgelöste Bildgebung ermöglicht werden. Darüber hinaus ist es gelungen, eine Bildrekonstruktionszeit in der Größenordnung der Bildgebungszeit zu realisieren. Damit wurde der erste MPI-Scanner implementiert, welcher die bisher nur theoretische Schnelligkeit des Bildgebungsverfahrens erstmals umsetzt und die rekonstuierten Bilder direkt anzeigt. Als medizinische Relevanz dieser Arbeit ergeben sich unter anderem interventionelle Szenarien mit Echtzeit-Überwachung mittels Bildgebung ohne ionisierende Strahlung.

Die Originalbeiträge der vorliegenden Arbeit umfassen im wesentlichen Schritte zur Realisierung der Echtzeitbildgebung. Diese umfassen einerseits die Konstruktion und Inbetriebnahme des Feldgenerators und die Entwicklung spezifischer Hardwarekomponenten für die Empfangs- und Sendeeinheiten und andererseits die Erforschung des empfangenen Signals, welches über ein Magnetisierungsmodell der Nanopartikel erfolgreich beschrieben werden konnte. Diese Beiträge sind detaillierte im Folgenden aufgelistet:

- Ein FFL-MPI-Scanner mit elektronisch rotierbarer und translatierbarer FFL wurde implementiert. Als Feldgenerator wurden in konzentrischen, ringförmigen Schichten zwei Dipole und zwei Quadrupole aus Elektromagneten und ein weiterer Dipol aus Permanentmagneten simuliert, konstruiert und implementiert. Im Innern des Feldgenerators wurden zwei elektromagnetische Dipole als Empfangseinheiten für das Partikelsignal eingebaut. Die Bestromung der einzelnen Elektromagneten des Feldgenerators, bei Freiheit der Signale von Störsignalen und harmonischer Verzerrung, und die Signalreinheit zwischen Empfangsspulen und Digitalisierungseinheit war dabei zentral und motiviert den nächsten aufgelisteten Beitrag.

- Durch das erstmalige Implementieren eines Scanners dieser Art mussten Hardwarekomponenten entwickelt werden, welche den speziellen Anforderungen bezüglich minimaler Störsignalamplituden und harmonischer Verzerrung unter Berücksichtigung der Bandbreite von Sende- und Empfangssignalen gerecht wurden. Es wurde eine spezielle Empfangsspule mit hoher Sensitivität und Signalqualität erfolgreich eingesetzt und analoge Filter mit minimaler Signalverzerrung implementiert. Zusätzlich wurde ein umfassendes Schirmungs- und Erdungskonzept entwickelt.
- Erstmalig in der MPI-Forschung wurde eine Echtzeitrekonstruktion erreicht. Um dieses zu erreichen, wurde ein bestehender Rekonstruktionsalgorithmus, genannt x-space Rekonstruktion, weiterentwickelt [13]. Diese Weiterentwicklung ist in den nächsten zwei Beiträgen beschrieben.
- Durch ein den Messdaten wohl entsprechendes Magnetisierungsmodell der Nanopartikel konnten erstmals Bildgebungsartefakte durch Relaxationseffekte der Nanopartikel durch eine Entfaltung reduziert werden. Hierzu wurde ein Magnetisierungsmodell genutzt, welches die Erweiterung des Langevin-Modells des Paramagnetismus auf eine Differentialgleichung erster Ordnung vorsieht. Dies wurde in [14] vorgeschlagen und in [15, 16, 17] mit MPI-Daten verglichen, doch wurde die Entfaltung dieses Relaxationsprozesses bisher nicht gezeigt, was in dieser Arbeit gelungen ist.
- Nachdem die relaxationsbedingten Artefakte reduziert waren, konnte eine erfolgreiche Entfaltung von Messdaten mit der Langevin-Funktion im Zeitbereich gezeigt werden.
- Laut der bisherigen Theorie findet eine Aufnahme des zeitabhängigen Signals bei einer diskret rotierenden und dabei translatierenden FFL im sogenannten Radon-Raum statt [18]. Das Anwenden der x-space Rekonstruktion auf die Rohdaten für jeden diskreten Winkel der FFL-Rotation transformiert das zeitabhängige Signal in ortsabhängige Partikelkonzentrationen, belässt die Daten dabei aber im Radon-Raum. Durch das Anwenden der inversen Radon-Transformation können so die Daten in das Scanner-Koordinatensystem übersetzt werden. Der implementierte Scanner sieht allerdings keine diskret, sondern eine kontinuierlich rotierende und dabei translatierende FFL vor. Hierzu wird ein Kriterium entwickelt, welches angibt, welches Frequenzverhältnis die Rotation relativ zur Translation haben

müssen, um eine Approximation auf diskrete Winkel zu ermöglichen, wenn die FFL eigentlich kontinuierlich rotiert.

- Bisher wurde nur in einer Simulationsstudie gezeigt, dass durch das Einsetzten einer FFL eine relativ zur FFP-Bildgebung erhöhte Sensitivität der Partikeldetektion zu erwarten ist [3]. In der vorliegenden Arbeit wird gezeigt, inwiefern dieses Verhältnis auf das Volumenverhältnis der Bereiche der beiden verschiedenen Magnetfelder unterhalb einer kritischen Magnetfeldsträke zurückzuführen sind.

## 1.3 Gliederung

Zentral für die vorliegende Arbeit ist die Implementierung des Scanners und die damit umgesetzte Echtzeitbildgebung. Um diese mit einer analytischen Rekonstruktion zu ermöglichen, ist es ebenfalls von zentraler Bedeutung, die Dynamik der Nanopartikel und die darauf basierenden Magnetisierungsmodelle der Ferrofluide darzulegen. Daher beginnt diese Arbeit mit der Beschreibung der Magnetisierung von Ferrofluiden. Anhand der entwickelten Magnetisierungsmodelle wird dann die Signalgenerierung und -kodierung von MPI in einer Dimension erklärt.

Im dritten Kapitel wird das Konzept der zweidimensionalen räumlichen Kodierung vorgestellt. Dabei wird, wie in Kapitel 1, noch von idealen Magnetfeldern ausgegangen, also lediglich die quasi-statischen Maxwell-Gleichungen als feldgenerierende Instanzen betrachtet. Anhand dieser Gleichungen werden wichtige Begriffe, wie die der Spulensensitivität entwickelt und gezeigt, dass die Signalkodierung durch eine kontinuierlich rotierende und dabei schnell translatierende FFL zu einem analytisch rekonstruierbaren Bild führt.

Den Übergang von der Theorie in die Praxis stellt Kapitel 4 dar, in welchem das Scannerdesign präsentiert wird. Es wird gezeigt, wie mithilfe von konzentrisch angeordneten Ringen aus magnetischen Dipolen und magnetischen Quadrupolen die gewünschten Felder generiert werden können. Daraufhin wird gezeigt, wie dieser Feldgenerator mittels Elektromagneten energieeffizient umgesetzt wird. Um die Multipole mit den gewünschten Signalen bestromen zu können, werden ebenfalls Schaltpläne entworfen. So kann bereits in der Planungsphase überprüft werden, ob die gewählten Frequenzen und Amplituden der Ströme im Feldgenerator zu realisierbaren analogen Filtern und Verstärkern führen.

In Kapitel 5 wird die Verfahrenstechnik der Implementierung von Spulen und

Signalwegen präsentiert und die relevanten elektromagnetischen Eigenschaften der konstruierten Komponenten angegeben. Daraufhin werden in Kapitel 6 die Partikelsignale mit den entwickelten Modellen vergleichen und die Ergebnisse der Bildgebung präsentiert und diskutiert. Die Arbeit wird in Kapitel 7 zusammengefasst und in Kapitel 8 mit einem Ausblick abgeschlossen.

# 2

# Signalgenerierung und -kodierung im Eindimensionalen



Zur MPI-Bildgebung wird die Magnetisierung magnetischer Nanopartikel in externen Magnetfeldern genutzt. Zur Signalgenerierung wird ein zeitlich veränderliches Feld, zur örltichen Kodierung ein örtlich veränderliches Feld genutzt.

Zur grundlegenden Erkläuterung des Bildgebungsprinzips wird dieses zunächst für eine Dimension beschrieben. Es werden kurz die grundlegenden Konfigurationen von magnetischen Momenten in Ferrofluiden und das Konzept der Magnetisierung vorgestellt. Anhand von drei entwickelten Magnetisierungsmodellen wird zunächst die Bildgebung durch magnetische Wechsel- und Gradientenfelder erklärt und weiterhin die Auflösungsbeschränkung des Verfahrens beleuchtet. Die

Magnetisierungsmodelle sind die ideale Magnetisierung, das Langevin-Modell und das erweiterte Langevin-Modell. Die nicht-triviale Erweiterung des Konzeptes der Signalgenerierung auf zwei oder drei Dimensionen wird in Kapitel 3 vorgestellt.

## 2.1 Ferrofluide

MPI ist eine Tracer-basierte Bildgebungstechnik. Die Tracer bestehen aus magnetischen Nanopartikeln, deren Eigenschaften die örtliche Auflösung und die Linearität des Bildgebungsprozesses wesentlich mitbestimmen [1, 19]. Als biokompatibles Medium für die Nanopartikel werden wässrige Lösungen verwendet, welche zusammen mit den Partikeln als Kolloide bezeichnet werden.

Abbildung 2.1: Ferrofluid unter Einfluss eines magnetischen Gradientenfeldes.

Die speziell in der MPI-Forschung verwendeten Nanopartikel bestehen aus einem magnetischen Kern und einer hydrophilen, biokompatiblen Hülle, wie schematisch in Abb. 2.2 dargestellt ist [20, 21, 22, 23].

Als Kernmaterial wird aktuell Magnetit aufgrund seiner weichmagnetischen Eigenschaften und hohen Sättigungsmagnetisierung von $M_\mathrm{S} = 0{,}6\,\mathrm{T}\,\mu_0^{-1}$ verwendet [24]. Dabei ist $\mu_0$ die magnetische Feldkonstante. Um Nanopartikel der gewünschten Größe herzustellen, haben sich bisher die Methoden der Fällung und der Thermolyse als geeignet herausgestellt. Um dabei das Wachstum ab einer bestimmten Größe zu hemmen und gleichzeitig die Biokompatibilität des Fluids zu gewährleisten, werden Dextran, Carboxydextran oder andere polymerische Kohlenhydrate verwendet [9, 25, 26, 27, 28].

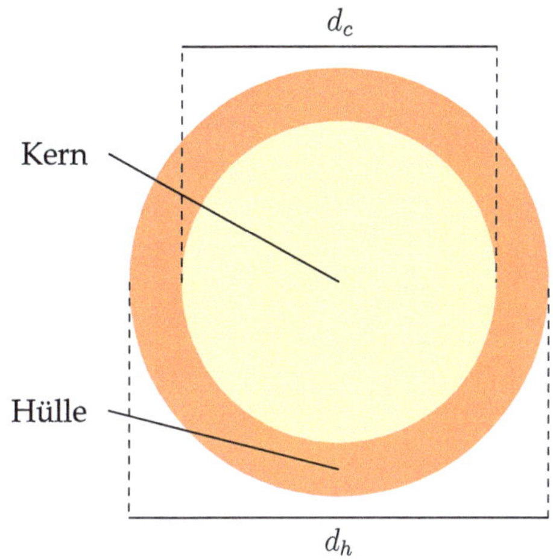


Abbildung 2.2: Sphärisches Modell für die als Tracer eingesetzten Nanopartikel. Der magnetische Kern ist von einer biokompatiblen Hülle umschlossen.

### 2.1.1 Magnetische Eigenschaften der Nanopartikel

Von physikalischer Relevanz sind besonders die magnetischen Eigenschaften der Partikel. Die für MPI geeigneten Nanopartikel bestehen aus ferromagnetischen Feststoffen. Feststoffe weisen eine kristalline Struktur auf. Jeder der enthaltenen Kristalle besteht aus einigen Atomen, deren Elektronenspins magnetische Momente generieren.

#### Weiss-Bezirke

Speziell an ferromagnetischen Feststoffen ist, dass die quantenmechanische Austauschenergie reduziert wird, wenn sich benachbarte Elektronenspins parallel ausrichten [29]. Sind alle Spins in einem Kristall parallel ausgerichtet, so ist die Streufeldenergie reduzierbar, indem sich die Elektronenspins in einigen Bereichen im Kristall antiparallel ausrichten [29]. Die Austauschenergie ist dabei kurzreichweitig dominant und richtet Spins innerhalb eines gewissen Bereichs parallel aus, während ab einer gewissen Entfernung die Streufeldenergie dominiert. Die Reichweite des Dominierens der Austaschenergie wird Austauschlänge genannt. Dies ist also die Distanz, über welche die Momente koppeln [30, 31, 32] und kann über

$$l_0 = \sqrt{\frac{A_k}{\mu_0 M_S^2}}, \tag{2.1}$$

berechnet werden. Dabei ist $A_k$ die sogenannte Austauschsteifigkeit, welche von der Kristallstruktur des Materials abhängig ist [33, 34].

Ein ferromagnetischer Kristall kann über diese Länge in viele Bezirke gegliedert werden, in welchen eine homogene Spinausrichtung vorliegt. Diese Bezirke werden Weisssche Bezirke oder Domänen genannt.

Der Übergang von einer Domäne zur nächsten erfolgt über ein kontinuierliches Kippen der magnetischen Momente von $0°$ bis hin zu $180°$ relativ zur Ausrichtung der Momente in einem der Bezirke [35]. Die Länge dieses Kippvorganges bzw. die Dicke der so definierten Domänenwand ist durch

$$\delta_0 = \pi\sqrt{\frac{A_k}{K_{\text{eff}}}} \tag{2.2}$$

gegeben [36, 32, 34, 37, 38, 31]. Dabei ist $K_{\text{eff}}$ die effektive Anisotropiekonstante des Partikels.

### Ein-Domänen-Partikel

Reduziert man den Durchmesser eines Partikels aus ferromagnetischem Material unter einen kritischen Durchmesser, so ist die Auswirkung der Austauschenergie im gesamten Partikel groß genug, um alle magnetischen Momente $\mu_{\text{P}}$ innerhalb des Partikels parallel auszurichten. Wie in [30, 34] zusammengefasst, wurde dieses Verhalten von Frenkel und Dorfmann [39, 40] vorausgesagt und von Kittel [38, 41], Néel [42] und Stoner und Wolfarth [43] bestätigt, jedoch von Brown hinterfragt [44, 45]. In der Literatur existiert daher bisher keine konsistente Beschreibung der kritischen Partikelgröße.

Eine als valide angenommene Berechnung dieses kritischen Durchmessers $d_{\text{ED}}$ für ein sphärisches Partikel ist nach Skomski [32]

$$d_{\text{ED}} \approx 18\frac{l_0^2}{\delta_0}, \tag{2.3}$$

wobei ein uniaxial anisotropes Partikel angenommen wurde. Diese Berechnung wurde von durch [31] bestätigt. Für eine genauere Übersicht über die für Domänenbildgung kritischen Größen unterschiedlicher ferromagnetischer Nanostrukturen sei auf [34, 30] verwiesen.

Für das in MPI zur Zeit eingesetzte Material Magnetit ergeben sich - aufgrund der aktuellen Unsicherheiten in den einzelnen Konstanten - nur Größenabschätzungen für $d_{\mathrm{ED}}$. Diese liegen im Bereich von $10 - 100$ nm [46, 47]. Die bisher in der MPI-Bildgebung valide verwendeten Partikelgrößen liegen im Bereich von $17 - 28$ nm [1, 48, 49, 23, 50].

Im Rahmen dieser Arbeit wird angenommen, dass die wesentlich zur Bildgebung beitragenden Partikel durch das Modell eines Ein-Domänen-Partikels beschrieben werden können, was sich in den Ergebnissen als valide herausstellt.

In einem solchen Ein-Domänen-Partikel können alle einzelnen magnetischen Momente als kohärent und somit als ein einziges Supermoment angesehen werden. Damit ist die Berechnung des Betrags des magnetischen Moments des gesamten Partikels $m = |\mathbf{m}|$ über

$$m = M_{\mathrm{S}} V_{\mathrm{c}} \tag{2.4}$$

gegeben. Ein solches Modell wird Makrospin-Modell genannt [51].

### 2.1.2 Stabilität eines Ferrofluids

Die Definition einer kolloidalen Lösung setzt voraus, dass die Partikel nicht durch die Schwerkraft oder ein magnetisches Gradientenfeld sedimentieren [14]. Ist die mittlere Geschwindigkeit der Partikel durch das Wärmebad, also die mittlere kinetische Energie des Mediums, größer als die Sedimentiergeschwindigkeit, so bleiben die Partikel gelöst.

#### Sedimentation durch Gravitation

Die Sedimentiergeschwindgkeit $v_{\mathrm{S}}$ kann über das Gleichsetzen von Stokesscher Reibungskraft und Differenz von Gewichts- und Auftriebskraft auf die Partikel [52] zu

$$v_{\mathrm{S}} = \frac{d_{\mathrm{c}}^2 \Delta\rho g}{18\eta_{\mathrm{M}}} \tag{2.5}$$

berechnet werden. Dabei ist $g$ die Erdbeschleunigung, $\eta_{\mathrm{M}}$ die Viskosität des Mediums und $\Delta\rho = \rho_{\mathrm{n}} - \rho_{\mathrm{m}}$ die Differenz zwischen der Dichte der Nanopartikel und des flüssigen Mediums. Es sei angenommen, dass die Dichte der Partikelhülle der des Mediums entspricht, um das Einschätzen der Größenordnungen zu vereinfachen.

Die Temperatur des Mediums führt zu ständigen Kollisionen der Teilchen im Medium. Die Verteilung der Geschwindigkeiten $v$ in einem solchen Hitzebad kann über die Maxwell-Boltzmann-Verteilung

$$P_{\mathrm{MB}}(v) = \left(\frac{m_{\mathrm{g}}}{2\pi k_{\mathrm{B}}T}\right)^{\frac{3}{2}} 4\pi v^2 W(E_{\mathrm{kin}}(v)) \tag{2.6}$$

approximiert werden [53]. Dabei ist $m_{\mathrm{g}}$ die Masse eines Nanopartikels,

$$W(E) \propto \exp\left(\frac{E}{k_{\mathrm{B}}T}\right), \tag{2.7}$$

der Boltzmann-Faktor [54], $k_{\mathrm{B}}$ die Boltzmann-Konstante, $T$ die Temperatur und $E$ ein energetischer Zustand. Die in der Verteilung am häufigsten auftretende Geschwindigkeit ist über

$$v_{\mathrm{h}} = \sqrt{\frac{2k_{\mathrm{B}}T}{m}} \tag{2.8}$$

gegeben.

Durch Gleichsetzen von (2.5) und (2.8) mit der Masse $m_{\mathrm{g}} = \rho_{\mathrm{n}}\pi d^3/6$ resultiert als kritischer Durchmesser für die Abwesenheit von Sedimentierung [14]

$$d^g_{\mathrm{Sed}} \leq \left(\frac{k_{\mathrm{B}}T\eta^2_{\mathrm{M}}}{\rho_{\mathrm{n}}(\Delta\rho)^2 g^2}\right)^{\frac{1}{7}}. \tag{2.9}$$

In wässrigen Medium gilt $\Delta\rho \approx 4{,}2\,\mathrm{g\,cm^{-3}}$ [55], was zu kritischen Sedimentationsdurchmessern in der Größenordnung von $10^{-6}$ m führt.

### Sedimentation durch Magnetostatik

In der MPI-Bildgebung werden Gradientenfelder verwendet. Der Gradient $\nabla H$ ist in einer Dimension idealerweise konstant $\nabla H = G$. Dabei liegt $G$ üblicherweise in der Größenordnung von $1 - 5{,}5\,\mathrm{T\,m^{-1}}\,\mu_0^{-1}$. Auf ein magnetisches Partikel mit magnetischem Moment $m$ wirkt eine Kraft $m \cdot \nabla H = m\,G$. Diese ist im beschriebenen Falle um eine bis zwei Größenordnungen größer als die bisher betrachtete Differenz aus Gravitation und Auftrieb. Unter Vernachlässigung der archimedischen Kräfte ergibt sich mit (2.4) als kritischer Durchmesser für die Abwesenheit von Sedimentation

$$d_{\mathrm{Sed}}^{G} \leq \left( \frac{k_{\mathrm{B}} T \eta_{\mathrm{M}}^{2}}{\rho_{\mathrm{n}} M_{\mathrm{S}}^{2} G^{2}} \right)^{\frac{1}{7}} . \tag{2.10}$$

Mit der Sättigungsmagnetisierung von Magnetit $M_{\mathrm{S}} = 0{,}6\,\mathrm{T}\,\mu_0^{-1}$ ergeben sich so kritische Durchmesser in der Größenordnung von $10^{-7}\,\mathrm{m}$.

### 2.1.3 Partikelverteilung im Medium

Wenn die Partikel im wässrigen Medium kolloidal gelöst bleiben, unterliegt ihre Verteilung $n(z)$ entlang der Achse $z$ dem barometrischen Gesetz [14]

$$n(z) \propto \exp\left( - \frac{M_{\mathrm{S}} G V_{\mathrm{c}}}{k_{\mathrm{B}} T} \right) \tag{2.11}$$

Der Zustand der annähernden Gleichverteilung der Partikel im Messgefäß tritt damit nur in Gefäßen mit einer Ausdehnung auf, welche die kritische Länge

$$l_{\text{Gefäß}} < W(M_{\mathrm{S}}\, G\, V_{\mathrm{c}}) \tag{2.12}$$

unterschreitet. Die Größenordnung dieser Länge liegt bei $10^{-4}\,\mathrm{m}$. Dies ist eine interessante Beobachtung, da oftmals Probenbehälter mit Dimensionen im Bereich von $10^{-3}\,\mathrm{m}$ verwendet werden. Die Zeit bis zum Einsetzen des Zustandes der barometrischen Verteilung ist jedoch in der Größenordnung von $l_{\text{Gefäß}}^{2} k_{\mathrm{B}} T / \eta_{\mathrm{M}} d_{\mathrm{c}}$, was bei den gegebenen Parametern typische Labormesszeiten bei weitem übersteigt [14].

### 2.1.4 Partikelgrößenverteilung

Die Synthese von Kolloiden mit magnetischen Nanopartikeln geschieht über das Zusammenschließen von kleinen Eisenkristallen zu immer größeren Kristallstrukturen. Im wesentlichen wird der Wachstumsprozess dann durch die Zugabe des Hüllenmaterials unterbunden, sodass die Größe der magnetischen Kerne kontrolliert werden kann. Die Verteilung der so entstehenden Kerndurchmesser kann über die Log-Normalverteilung

$$\rho(d_{\mathrm{c}}) = \begin{cases} \left(\sigma_{\mathrm{l}} d_{\mathrm{c}} \sqrt{2\pi}\right)^{-1} \exp\left( -\frac{1}{2} \left( \frac{\ln(d_{\mathrm{c}}) - \mu_{\mathrm{l}}}{\sigma_{\mathrm{l}}} \right) \right) & \text{falls } d_{\mathrm{c}} > 0 \\ 0 & \text{falls } d_{\mathrm{c}} \leq 0 \end{cases} \tag{2.13}$$

beschrieben werden [56, 57]. Dabei sind $\mu_l$ und $\sigma_l$ die Verteilungsparameter. Liegt eine breite Verteilung vor, so wird ein sie polydispers genannt. Liegt nur ein einziger Partikeldurchmesser vor, so wird die Verteilung monodispers genannt. Die Annahme, dass die Partikelgrößenverteilung über einen einzigen, effektiven Partikeldurchmesser angenähert werden kann setzt eine geringe Varianz voraus. Für die Modellierung der Signalinduzieren in MPI wird im Folgenden diese Annahme der Monodispersität getroffen. Dies bedeutet nicht, dass angenommen wird, dass das Kolloid tatsächlich eine solche Größenverteilung aufweist, sondern lediglich, dass die starke Abhängigkeit des induzierten Signals vom Partikeldurchmesser die Annahme zulässt, dass das induzierte Signal im wesentlichen von Partikeln mit einer bestimmten Größe generiert wird. Die Richtigkeit dieser Annahme bestätigt sich in den Bestimmungen der Rekonstruktionsparameter in 6.2.

## 2.2 Magnetisierung von Ferrofluiden

Wird in einem für MPI verwendeten Ferrofluid, das exklusive Vorhandensein von Ein-Domänen-Partikeln angenommen, so vereinfacht sich die Berechnung der Magnetisierung wesentlich. Es muss nicht auf Prozesse innerhalb der einzelnen Partikel Rücksicht genommen werden.

Zur Entwicklung der folgenden Magnetisierungsmodelle sei das betrachtete Volumen in - relativ zur räumlichen Auflösung des Verfahrens - kleine Volumina $\mathrm{d}V$ eingeteilt. Die Magnetisierung ist als mittleres magnetisches Moment $\mathrm{d}\mathbf{m}$ pro Flüssigkeitsvolumen $\mathrm{d}V$ definiert:

$$\mathbf{M} = \frac{\mathrm{d}\mathbf{m}}{\mathrm{d}V}. \tag{2.14}$$

Sie beschreibt den mittleren magnetischen Zustand eines Materials. In dem hier betrachteten Fall handelt es sich um ein Ferrofluid mit einer gewissen Konzentration an frei beweglichen Nanopartikeln.

Im gesamten Messvolumen $V_{\text{gesamt}}$ kann die Konzentration $c_{\text{var}}$ variieren. Es sei die Anzahl der Partikel $N(\mathbf{r})$ in einem Volumen $\mathrm{d}V$ am Ort $\mathbf{r}$ betrachtet und

$$c_{\text{var}}(\mathbf{r}) = \frac{N(\mathbf{r})}{V_{\text{gesamt}}} = \sigma(\mathbf{r})\frac{N_{\text{gesamt}}}{V_{\text{gesamt}}} = \sigma(\mathbf{r})c \tag{2.15}$$

definiert. Damit ist $c$ die mittlere Konzentration in $V_{\text{gesamt}}$ und $\sigma(\mathbf{r})$ eine einheitenlose Verteilungsfunktion.

In den drei folgenden Modellen der Magnetisierung sei $\mathbf{M}$ stets proportional zu $c\,m$ und einer modellbeschreibenden Funktion, welche als reduzierte Magnetisierung

$$\mathcal{M}(\mathbf{r},t) = \frac{\mathbf{M}(\mathbf{H}(\mathbf{r},t),t)}{c\,m} \tag{2.16}$$

definiert sei. Dabei ist $\mathbf{M}(\mathbf{H}(\mathbf{r},t))$ abhängig vom genutzten Modell und hängt nicht immer explizit von der Zeit $t$ ab. Es wird vorausgesetzt, dass das Magnetisierungsverhalten nicht von der Nanopartikelkonzentration im Ferrofluid abhängig ist.

Die Gesamtmagnetisierung einer Verteilung von magnetisierten Volumina lässt sich modellabhängig über

$$\mathbf{M}(\mathbf{r},t) = \sigma(\mathbf{r})c\,m\,\mathcal{M}(t) \tag{2.17}$$

ausdrücken. Die zentrale Aufgabe der in diesem Kapitel beschriebenen Bildgebung ist es, die räumliche Verteilung der Nanopartikel anhand der zeitlichen Ableitung dieser Gleichung zu ermitteln.

### 2.2.1 Néel-Rotation und Brownsche Rotation

Den folgenden Modellen der makroskopischen Beschreibung der Partikelmagnetisierung seien die Prozesse vorangestellt, welche zur Ausrichtung der Partikel mit dem externen Magnetfeld beitragen und dieser entgegenwirken.

Prinzipiell strebt eine lokale Magnetisierung von Ein-Domänen-Partikel danach, die Zeeman-Energie

$$E_{\text{Zeeman}} = -\mu_0 \int_V \mathbf{M} \cdot \mathbf{H}\,\mathrm{d}V \tag{2.18}$$

durch eine Ausrichtung parallel zum externen Magnetfeld $\mathbf{H}$ zu minimieren. Dabei sind sämtliche beitragenden magnetischen Momente über die magnetische Anisotropie der Partikel an das Partikelkoordinatensystem gekoppelt. Der Grad dieser Kopplung wird über die Anisotropiekonstante $K$ beschrieben. Um im Folgenden nicht jede einzelne Möglichkeit der Umsetztung dieser Kopplung über Form- und Kristallanisotropie diskutieren zu müssen, kann von einer effektiven Konstanten $K = K_{\text{eff}}$ ausgegangen werden.

Néel merkte in [58] an, dass eine spontane Richtungsänderung eines magnetischen Moments eines Ein-Domänen-Partikels durch thermische Fluktuationen ohne die Änderung der Ausrichtung des Partikels selbst auftreten kann. Die Rate dieser Umkehrung wird dabei über

$$\tau_{\mathrm{N}}^{-1} = \tau_0^{-1} \exp\left(\frac{K\, V_c}{k_{\mathrm{B}}\, T}\right) \tag{2.19}$$

gegeben und wird Néelsche Relaxationszeit genannt. Dabei ist $\tau_0$ ein Frequenzfaktor der Größenordnung $10^{-9}$s bis $10^{-10}$s [59].

Daneben kann das Partikel natürlich mechanisch rotieren, was als Brownsche Rotation [60] bezeichnet wird. Dieser Prozess wird durch die Brownsche Relaxationszeit

$$\tau_{\mathrm{B}} = \frac{3\, V_c\, \eta_{\mathrm{M}}}{k_{\mathrm{B}}\, T} \tag{2.20}$$

charakterisiert. Die über die Magnetisierung messbare Relaxationszeit ist eine Kombination der beiden vorgestellten Zeiten, wobei die kürzere Zeit den größten Einfluss auf das Messergebnis hat.

### 2.2.2 Ideale Partikel

Im einfachsten Fall richten sich alle magnetischen Momente stets instantan parallel zum externen Magnetfeld **H** aus. Die Partikel verhalten sich also rein superparamagnetisch, sämtliche Relaxationszeiten sind wesentlich kürzer als die Messzeiten und zusätzlich sind die thermischen Fluktuationen zu vernachlässigen. Damit gilt für die Magnetisierung

$$\mathbf{M}(\mathbf{H}(\mathbf{r},t)) = c\, m \frac{\mathbf{H}(\mathbf{r},t)}{|\mathbf{H}(\mathbf{r},t)|}. \tag{2.21}$$

Für eine modellübergreifende Notation der Magnetisierung sei die reduzierte Magnetisierung für ideale Partikel als

$$\mathcal{M}_{\mathrm{ideal}}(\mathbf{r},t) = \frac{\mathbf{H}(\mathbf{r},t)}{|\mathbf{H}(\mathbf{r},t)|} \tag{2.22}$$

definiert.

Das Magnetisierungsverhalten entspricht im eindimensionalen Fall einer Sprungfunktion

$$M_x = c\,m\,h_{-1,1}(H_x), \tag{2.23}$$

wobei

$$h_{n,k}(q) = \begin{cases} n, & \text{falls } q < 0 \\ k, & \text{falls } q \geq 0 \end{cases} \tag{2.24}$$

mit $n, k, q \in \mathbb{R}$ und $n \neq k$ definiert ist. Weiterhin stellen $M_x$ und $H_x$ die zur $x$-Richtung gehörigen Komponenten von $\mathbf{M}$ und $\mathbf{H}$ dar. Das so beschriebene Magnetisierungsverhalten würde eine nur vom Bildgebungsgerät limitierte Bildgebung ermöglichen.

Dieses idealisierte Partikelverhalten ist zwar nicht realisierbar, stellt jedoch den Grenzfall für die zwei weiteren präsentierten Modelle dar.

### 2.2.3 Langevin-Modell

Wird berücksichtigt, dass sich die Partikel in einem Wärmebad befinden, so ist die Energie $k_\mathrm{B}T$ als Gegenspieler zur perfekten Ausrichtung der Nanopartikel zu beachten. Der im Folgenden berechnete Prozess beschreibt, wie sich die Richtung der magnetischen Momente der Partikel mit steigender Magnetfeldstärke asymptotisch einer vollständigen Ausrichtung annähern [34].

Um die Richtungskomponente von $\mathbf{M}$ in die Richtung von $\mathbf{H}$ zu berechnen, können sämtliche $\mathbf{m}$ im betrachteten Volumen $V$ auf den Vektor $\mathbf{n_H} = \mathbf{H}/|\mathbf{H}|$ projiziert werden. Angenommen, es existieren genau $n(\beta)$ magnetische Momente $\mathbf{m}$ in diesem Volumen, welche zwischen $\mathbf{m}$ und $\mathbf{n_H}$ einen Winkel zwischen $\beta$ und $\beta + \mathrm{d}\beta$ aufweisen. Dann kann die Magnetisierung in diese Richtung über

$$M(\mathbf{H}(t)) = V^{-1} \int_0^\pi n(\beta)|\mathbf{m}||\mathbf{n_H}|\cos(\beta)\mathrm{d}\beta \tag{2.25}$$

bestimmt werden, wobei $|\mathbf{n_H}| = 1$ und $|\mathbf{m}|$ unabhängig von $\beta$ ist und aus dem Integral gezogen werden kann. Gleichung (2.25) entspricht der Projektion von (2.14), definiert für ein endliches Volumen $V$.

Sind insgesamt $N$ magnetische Momente im Volumen $V$ vorhanden, so gilt

$$\int_0^\pi n(\beta)\mathbf{d}\beta = N. \tag{2.26}$$

Durch Division von (2.25) und (2.26) kann

$$M(\mathbf{H}(t)) = \frac{Nm}{V}\frac{\displaystyle\int_0^\pi n(\beta)\cos(\beta)\mathbf{d}\beta}{\displaystyle\int_0^\pi n(\beta)\mathbf{d}\beta} \tag{2.27}$$

gewonnen werden. Dies kann durch die Definition der Konzentration aus (2.15) als

$$M(\mathbf{H}(t)) = cm\frac{\displaystyle\int_0^\pi n(\beta)\cos(\beta)\mathbf{d}\beta}{\displaystyle\int_0^\pi n(\beta)\mathbf{d}\beta} \tag{2.28}$$

geschrieben werden.

Es gilt zu klären, welche Abhängigkeit die Winkelverteilung der magnetischen Momente zu **H** aufweist.

Durch die kinetische Energie der Partikel im Hitzebad $k_\mathrm{B}T$ strebt das System einer Gleichverteilung entgegen. Durch die potentielle Energie

$$E_\mathrm{P} = -\mu_0 m\mathbf{H}\cos\beta \tag{2.29}$$

ergibt sich ein Trend zur perfekten Ausrichtung der magnetischen Momente. Mit dem Boltzmann-Faktor aus (2.7) ergibt sich eine Winkelverteilung, welche proportional zu

$$W(E_\mathrm{P}) = \exp\left(\frac{\mu_0 m|\mathbf{H}|\cos\beta}{k_\mathrm{B}T}\right) \tag{2.30}$$

und $2\pi\sin\beta\mathrm{d}\beta$ ist [34]. Diese Betrachtung gilt ausschließlich im thermodynamischen Gleichgewicht, also wenn die magnetischen Momente genügend Zeit hatten, diese Verteilung auch anzunehmen, nachdem sich beispielsweise das externe Feld **H** geändert hatte. Da in MPI $\mathbf{H} = \mathbf{H}(t)$ tatsächlich ein Wechselfeld ist, werden Abweichungen von der Annahme des thermodynamischen Gleichgewichts in 2.2.4 untersucht.

Relaxieren die Partikel schnell genug, so ergibt sich für die Winkelverteilung $n(\beta)$ der magnetischen Momente

$$n(\beta)\mathrm{d}\beta = 2\pi n_0 \exp\left(\frac{\mu_0 m \mathbf{H}\cos\beta}{k_\mathrm{B}T}\right)\sin\beta\mathrm{d}\beta, \tag{2.31}$$

wobei $n_0$ den Proportionalitätsfaktor darstellt, welcher die Normalisierung (2.26) sicherstellt.

Die so erhaltene Winkelverteilung kann in (2.28) eingesetzt werden:

$$M(\mathbf{H}(t)) = cm\frac{\displaystyle\int_0^\pi \exp\left(\frac{\mu_0 m|\mathbf{H}|\cos\beta}{k_\mathrm{B}T}\right)\sin\beta\cos\beta\mathrm{d}\beta}{\displaystyle\int_0^\pi \exp\left(\frac{\mu_0 m|\mathbf{H}|\cos\beta}{k_\mathrm{B}T}\right)\sin\beta\mathrm{d}\beta}. \tag{2.32}$$

Durch die Substitution $\mu_0 m|\mathbf{H}|/k_\mathrm{B}T = \zeta$ und $\cos\beta = z$ ergibt sich

$$\begin{aligned} M(\mathbf{H}(t)) &= cm\frac{\displaystyle\int_{-1}^{1} e^{\zeta z} z\mathrm{d}z}{\displaystyle\int_{-1}^{1} e^{\zeta z}\mathrm{d}z} \\ &= cm\frac{\zeta^{-1}\left(e^\zeta + e^{-\zeta}\right) - \zeta^{-2}\left(e^\zeta - e^{-\zeta}\right)}{\zeta^{-1}\left(e^\zeta - e^{-\zeta}\right)} \qquad (2.33) \\ &= cm\left(\frac{e^\zeta + e^{-\zeta}}{e^\zeta - e^{-\zeta}} - \frac{1}{\zeta}\right) \\ &= cm\left(\coth\zeta - \frac{1}{\zeta}\right). \qquad (2.34) \end{aligned}$$

Die Funktion

$$\mathcal{L} = \left(\coth\zeta - \frac{1}{\zeta}\right) \tag{2.35}$$

wird Langevin-Funktion genannt [61], wodurch sich die Magnetisierung als

$$M_x(\mathbf{H}(t)) = cm\mathcal{L}(\zeta) \tag{2.36}$$

ausdrücken lässt. Damit ist für die modellübergreifende Notation die reduzierte Magnetisierung

$$\mathcal{M}_{\text{Lan}}(t) = \mathcal{L}\left(\zeta\left(\mathbf{H}(t)\right)\right) \tag{2.37}$$

gewonnen.

Partikel, deren Magnetisierung dem hier entwickelten Magnetisierungsmodell entsprechen, seien Langevin-Partikel genannt. Dieses Verhalten wird auch als Superparamagnetismus bezeichnet. Die Langevin-Funktion bildet auf das Intervall $]-1,1[$ ab, wodurch sich die Magnetisierung in einem Bildgebungsvoxel mit Volumen $V$ im Intervall $]-cm, cm[$ bewegt.

Der für MPI wesentliche, da anpassbare Parameter dieser Magnetisierungsfunktion, ist der Betrag des magnetischen Moments $m$. Für ein Ein-Domänen-Partikel wurde dieser in (2.4) über die materialabhängige Sättigungsmagnetisierung und das Partikelvolumen $V_c$ definiert. Beim sphärischen Partikeln ist $V_c = \pi d_c^3/6$, wodurch sich für die Form der Magnetisierungskurve eine kubische Abhängigkeit vom Partikeldurchmesser $d_c$ ergibt. Der Verlauf für Magnetit ist in Abb. 2.3 für verschiedene $d_c$ dargestellt.

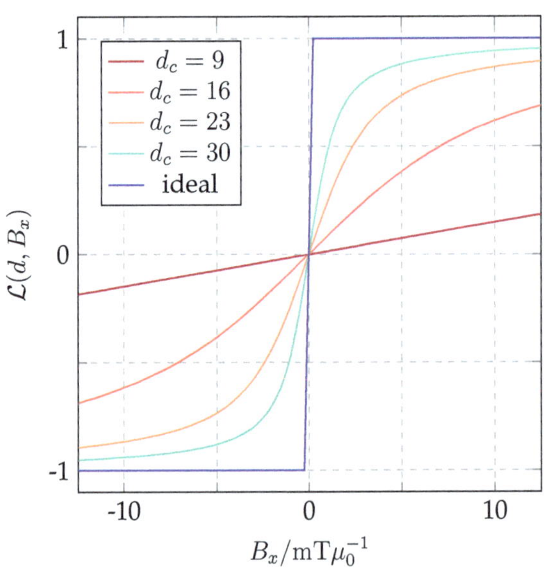


Abbildung 2.3: Magnetisierungskurven von Magnetit bei unterschiedlichen Partikeldurchmessern.

Geht der Durchmesser gegen unendlich oder die Temperatur gegen Null, so entspricht die Langevin-Funktion der Sprungfunktion $h_{-1,1}$, wodurch ein Übergang in das Modell der idealen Partikel aus 2.2.2 gewonnen ist.

### 2.2.4 Erweitertes Langevin-Modell

Wird angenommen, dass sich die Magnetisierung $\mathbf{M}$ leicht, also mit zeitlichem Abstand $\tau$, außerhalb des thermodynamischen Gleichgewichts aufhält, so kann sie in eine Taylorreihe

$$\mathbf{M}(t+\tau) = \mathbf{M}(t) - \tau \frac{\mathrm{d}\mathbf{M}(t+\tau)}{\mathrm{d}t} + \mathcal{O}(\tau^2) \tag{2.38}$$

entwickelt werden [16]. Im Gleichgewicht kann die Magnetisierung wie in (2.36) gezeigt, mithilfe der Langevin-Funktion ausgedrückt werden. Da nur von $\tau$ abhängige Terme im betrachteten Zeitintervall als dynamisch betrachtet werden, sei zur einfachen Notation $\mathbf{M}(t) = \mathbf{M}_0$ und $\mathbf{M}(t+\tau) = \mathbf{M}_r(t)$. Durch die Wahl von $\tau$ ist die Vernachlässigung von Termen höherer Ordnung gerechtfertigt. Dies führt zur inhomogenen gewöhnlichen Differentialgleichung erster Ordnung

$$\frac{\mathrm{d}\mathbf{M}_r(t)}{\mathrm{d}t} + \frac{1}{\tau}\mathbf{M}_r(t) = \frac{1}{\tau}\mathbf{M}_0. \tag{2.39}$$

Tatsächlich ist dieses Modell eine Vereinfachung des phänomenologischen Modells

$$\frac{\mathrm{d}\mathbf{M}}{\mathrm{d}t} = \mathbf{\Omega} \times \mathbf{M} - \frac{1}{\tau_\mathrm{B}}(\mathbf{M} - \mathbf{M}_0) - \frac{1}{6\eta_\mathrm{M} n_V}\mathbf{M} \times (\mathbf{M} \times \mathbf{H}), \tag{2.40}$$

welches 1972 in [59] vorgeschlagen wurde. Dabei ist $\mathbf{\Omega}$ die Vortizität, also die Rotation der Geschwindigkeit $2\mathbf{\Omega} = \nabla \times \mathbf{v}$, $\eta_\mathrm{M}$ die Viskosität und $n_V$ der Volumenanteil von magnetischen Partikeln in der Flüssigkeit. Die Abklingkonstante $\tau_\mathrm{B}$ ist dabei die Brownsche Relaxationszeit. Vernachlässigt man den Beitrag der Vortizität und der Präzession, also den ersten und letzten Beitrag auf der rechten Seite der Gleichung, so erhält man das Modell (2.39) mit $\tau = \tau_\mathrm{B}$. Es ist davon auszugehen, dass die modellierte Relaxation auf eine mechanische Rotation der Partikel zurückzuführen ist und kaum Néelsche Rotation zur Relaxation beiträgt.

Das allgemeinere Modell (2.40) wurde in [62] ein ähnliches EFM (Effektives Feld-Modell) entwickelt [63, 64], welches in [15, 65] für den Gebrauch in der Partikelspektroskopie für MPI verwendet wird.

Zur Anwendung in der MPI-Bildgebung kommt das hier verwendete Modell (2.39) in [48, 17, 66].

Dieses Modell setzt offensichtlich voraus, dass $\tau$ eine effektive Relaxationszeit ist, welche klein genug ist, um die Beschreibung der Magnetisierung über die Gleichgewichtsannahme zu rechtfertigen. Ebenfalls müssen die externen Felder groß genug sein, um die Sättigungsmagnetisierung der Partikel zu erreichen.

Zur Lösung von (2.39) kann die Greensche Funktion des Differentialoperators berechnet und diese dann mit dem Störglied $\frac{1}{\tau}\mathbf{M}_0$ gefaltet werden.

$$\mathbf{M}_r = \mathbf{M}_0 * \mathbf{M}_G, \tag{2.41}$$

wobei der Operator $*$ die Faltung zweier Funktionen $f, g : \mathbb{R}^n \to \mathbb{C}$ über

$$(f * g)(t) = \int_{\mathbb{R}^n} f(t')g(t-t')\mathrm{d}t' \tag{2.42}$$

beschreibt.

Zur Berechnung der Greensche Funktion $\mathbf{M}_G(t)$ gilt es, die Gleichung

$$\frac{\mathrm{d}\mathbf{M}_G(t)}{\mathrm{d}t} + \frac{1}{\tau}\mathbf{M}_G(t) = \delta(t) \tag{2.43}$$

zu lösen. Dabei ist $\delta(t)$ der Dirac-Impuls [67]. Damit wird das System zunächst für ideale Partikel gelöst. Denn für die normalisierte Magnetisierung idealer Partikel gilt die Sprungfunktion (2.24) mit $n = -1$ und $k = 1$. Das induzierte Signal entspricht der Ableitung der Sprungfunktion, kann also durch den Dirac-Impuls ausgedrückt werden.

Der Dirac-Impuls führt zur Lösung der homogenen Gleichung für $t > 0$ mit der Nebenbedingung $\mathbf{M}_r(0) = 1$. Die Lösung von (2.43) ist somit

$$\mathbf{M}_G(t) = \begin{cases} 0, & \text{falls } t < 0 \\ e^{-t/\tau}, & \text{falls } t \geq 0 \end{cases} = e^{-t/\tau} h_{0,1}(t), \tag{2.44}$$

mit der Definition von $h_{n,k}$ aus (2.24). Mithilfe von (2.41) ergibt sich die Lösung von (2.39):

$$\begin{aligned} \mathbf{M}_r(t) &= \mathbf{M}_0 * e^{-t/\tau} h_{0,1}(t) \\ &= cm\mathcal{L}(\zeta) * e^{-t/\tau} h_{0,1}(t). \end{aligned} \tag{2.45}$$

Es ergibt sich als reduzierte Magnetisierung des erweiterten Langevin-Modells

$$\mathcal{M}_{\mathrm{eLan}}(t) = \mathcal{M}_{\mathrm{Lan}}(t) * e^{-t/\tau} h_{0,1}(t). \tag{2.46}$$

Gleichung (2.45) stellt eine zeitliche Faltung der alternierenden Langevin-Funktion mit einer nicht symmetrischen Funktion dar. Dieser Prozess wird auch Debye-Relaxation genannt [17]. Die resultierende Form des induzierten Signals ist in 2.3.3 gegeben.

In [66] wurde gezeigt, dass die Debye-Relaxation der Partikel gemäß (2.39) über eine konstante Phasenverzögerung $\phi$ der Magnetisierung hinter der Richtung des Anregungsfeldes angesehen wird. Diese Betrachtung ist bei der Verwendung des Magnetisierungsmodelles (2.46) in Bezug auf die örtliche Auflösung in MPI besonders hilfreich und wird in 2.4.3 näher erläutert und genutzt. Hier wird darauf verzichtet, da das Prinzip der Bildgebung mittels MPI noch nicht dargelegt ist.

Partikel, deren Magnetisierung dem hier entwickelten erweiterten Langevin-Modell entsprechen, werden im Folgenden relaxierende Langevin-Partikel genannt.

### 2.2.5 Weitere Magnetisierungsmodelle

Bei der Einführung der Langevin-Funktion wurden starke Einschränkungen für den Gültigkeitsbereich des Magnetisierungsmodells gemacht. Auch im erweiterten Langevin-Modell wurde lediglich eine geringe Abweichung der Partikelmagnetisierung von ihrem Gleichgewichtszustand angenommen. Allgemeinere Ansätze zur Modellierung der Magnetisierung eines Ferrofluids werden im Folgenden lediglich knapp vorgestellt, da die gewonnenen Messdaten in Kapitel 6 mit den simplen Modellen beschreibbar sind. Ihre Anführung hier ist allerdings zur Einordnung der alternativ verwendeten Magnetisierungsmodelle hilfreich.

Um ein Ferrofluid außerhalb des Gleichgewichtszustandes zu beschreiben, ist es möglich, das System in zwei Subsysteme zu teilen. Das System der magnetischen Nanopartikel bzw. derer magnetischen Momente und das System des Mediums. Das System der Partikel kann an das System des flüssigen Mediums über die Stokesreibung und einen Fluktuationsterm gekoppelt werden [16, 68, 69]. Diese Kopplung erlaubt die Modellierung der Brownschen Rotation. Wird angenommen, dass die magnetischen Momente in den Partikeln rotieren können, so kann diese Néel-Rotation ähnlich ausgedrückt werden, indem sie über eine phänomenologische Dämpfungskonstante und einen Fluktuationsterm an das System des Medium gekoppelt wird [70, 71].

In beiden Fällen kann der Prozess über eine Langevin-Gleichung [72]

$$\frac{\mathrm{d}}{\mathrm{d}t}\boldsymbol{\xi} = \boldsymbol{h}\left(\boldsymbol{\xi}(t), t\right) + \boldsymbol{g}\left(\boldsymbol{\xi}(t), t\right)\boldsymbol{\lambda}(t) \tag{2.47}$$

modelliert werden. Dabei werden die Funktionen $\boldsymbol{h}$ Driftterm und $\boldsymbol{g}$ Diffusionsterm genannt. Besonders an dieser Differentialgleichung ist, dass $\boldsymbol{\lambda}$ einen Rauschterm, also einen stochastischen Prozess, darstellt. Damit ist die Lösung $\boldsymbol{\xi}(t)$ der Gleichung ebenfalls ein stochastischer Prozess und repräsentiert einzelne Partikelmomente. Um Aussagen über das mittlere Verhalten eines Systems von Partikeln zu treffen, kann über Lösungen dieser Gleichung gemittelt werden. Es handelt sich dabei um eine sogenannte stochastische Differentialgleichung, für die besondere Berücksichtigungen bei ihrer Lösung zu treffen sind [72].

Anstatt die Partikelmomente einzeln zu berechnen und zu mitteln, kann die Wahrscheinlichkeitsdichteverteilung $P(\mathbf{x}, t)$ betrachtet werden. Dabei beinhaltet $\mathbf{x}$ alle Realisierungen des stochastischen Prozesses $\boldsymbol{\xi}(t)$ [16]. Die zeitliche Entwicklung von $P(\mathbf{x}, t)$ kann mithilfe der Fokker-Planck-Gleichung beschrieben werden [73]. Diese hat die Form

$$\frac{\partial P(\mathbf{x}, t)}{\partial t} = -\sum_{i=1}^{3} \frac{\partial}{\partial x_i} D_i^{(1)} P(\mathbf{x}, t) + \frac{1}{2} \sum_{i,j} \frac{\partial^2}{\partial x_i \partial x_j} D_{ij}^{(2)} P(\mathbf{x}, t), \tag{2.48}$$

wobei $D_i^{(1)}$ der Driftkoeffizient und $D_{ij}^{(2)}$ der Diffusionskoeffizient ist. Diese Terme sind mit dem Rauschterm $\boldsymbol{\lambda}$ aus der oben gegebenen Langevin-Gleichung verknüpft. So besteht zwischen den beiden Repräsentationen (2.47) und (2.48) eine Verbindung, welche über die Feynman-Kac-Formel ausgedrückt wird [74, 75, 76].

Die hier genutzten Magnetisierungsmodelle sind Spezialfälle dieser umfassenderen Beschreibung des Prozesses.

## 2.3 Bildgebungsprinzip von MPI

Setzt man ein Ferrofluid einem magnetischen Wechselfeld $\mathbf{H}(t)$ aus, so folgt die Magnetisierung des Kolloids dem Magnetfeld. Ob dies instantan und mit welcher Amplitude die Ausrichtung geschieht, hängt von den Parametern der Flüssigkeit und des Magnetfeldes ab.

Im Folgenden werden die drei in 2.2.2, 2.2.3 und 2.2.4 entwickelten Modelle für das Magnetisierungsverhalten verwendet.

### 2.3.1 Signalinduktion

In MPI werden Signale über Empfangsspulen aufgezeichnet. Die in diesem Kapitel verwendeten Begriffe der Sensitivität und des Reziprozitätsprinzips werden mit ihren Gültigkeitsbereichen in 3.1.3 und 3.1.4 ausführlicher entwickelt. Hier sei kurz erläutert, dass das Sensitivitätsfeld einer Spule ihr generiertes Feld bei Einheitsstrom ist. Das Reziprozitätsprinzip besagt, dass die Änderung einer Magnetisierung in einem Sensitivitätsfeld eine Spannung in der Spule induziert, welche proportional zur Sensitivität $\mathbf{p}(\mathbf{r})$ am Orte der Magnetisierung ist.

Ein FOV (effektiver Messbereich, Field-Of-View) markiert den Bereich im Scanner, in welchem die Partikelverteilung gemessen und rekonstruiert werden soll. Das Sensitivitätsfeld $\mathbf{p}$ der Empfangsspulen sei im Folgenden als homogen im FOV angenommen. Die Implementierungsstrategie für Spulen, welche dieser Anforderung gerecht werden, ist in 4.1 gegeben.

Ändert sich die Magnetisierung eines Ferrofluids durch ein externes Magnetfeld $\mathbf{H}(t)$ im Sensitivitätsfeld einer solchen Spule, so wird gemäß dem Reziprozitätsprinzip 3.1.4 eine Spannung

$$u(t) = -\mu_0 \int_\Omega \frac{\mathrm{d}}{\mathrm{d}t} \mathbf{M}\left(\mathbf{H}(\mathbf{r},t), \mathbf{r}, t\right) \cdot \mathbf{p}(\mathbf{r}) \mathrm{d}^3 r \tag{2.49}$$

induziert. Dabei ist $\Omega$ das FOV. Da ein homogenes $\mathbf{p}$ mit $|\mathbf{p}| = p$ in Richtung $x$ angenommen wurde, reduziert sich Gleichung (2.49) zu

$$u_x(t) = -\mu_0 p \int_\Omega \frac{\mathrm{d}}{\mathrm{d}t} \mathbf{M}_x\left(\mathbf{H}(\mathbf{r},t), \mathbf{r}, t\right) \mathrm{d}^3 r. \tag{2.50}$$

Um eine hohe Signalamplitude zu erreichen, ist offensichtlich eine hohe Sensitivität $p$ zu erzielen. Wesentlich ist die Abhängigkeit der Amplitude des induzierten Signals von der Geschwindigkeit des Ummagnetisierungsprozesses der Nanopartikel. Solange die Magnetisierung stets dem Feld instantan folgen kann, hängt die Amplitude also von der Änderungsrate des Feldvektors $\mathbf{H}$ ab.

### 2.3.2 Homogenes Anregungsfeld: MPI-Spektrometer

Hat im eindimensionalen Fall das externe Magnetfeld $\mathbf{H}$ nur eine räumliche Komponente $H_x(\mathbf{r}, t)$, homogen und parallel zu $\mathbf{p}$, so reduziert sich Gleichung (2.50) weiter zu [77]

$$
\begin{aligned}
u(t) &= -\mu_0\, p\, \frac{\mathrm{d}}{\mathrm{d}t} M(H_x(\mathbf{r},t)) \\
&= -\mu_0\, p\, \frac{\partial M}{\partial H} \frac{\mathrm{d}H_x(\mathbf{r},t)}{\mathrm{d}t} \\
&= -\mu_0\, p\, M'(H) \frac{\mathrm{d}H_x(\mathbf{r},t)}{\mathrm{d}t}.
\end{aligned}
\tag{2.51}
$$

Dabei konnte der Index $x$ ignoriert werden, da die Gleichung für beliebige parallele Sende- und Empfangsfelder gilt. Hier sei angemerkt, dass bei dem totalen Differential, welches in (2.51) gebildet wurde, $\mathrm{d}\mathbf{r}/\mathrm{d}t = 0$ angenommen wurde. Es wurde also angenommen, dass die Nanopartikel keine relevante Geschwindigkeit besitzen. Die Betrachtung der wirkenden Kräfte in 2.1 hat gezeigt, dass dies in den typischerweise für MPI durchgeführten Experimenten eine valide Annahme ist. Dennoch ist es möglich, den Partikeln beispielsweise durch die Vibration mittels Ultraschall eine nicht zu vernachlässigende Geschwindigkeit zu verleihen. Somit ist eine Signalgenerierung auch ohne externes Magnetfeld denkbar.

Nimmt $H(\mathbf{r}, t)$ die örtlich homogene Form

$$H(\mathbf{r}, t) = H_\mathrm{D}(t) = A\Lambda(t) \tag{2.52}$$

an, so erfahren alle Partikel im FOV zu jeder Zeit das selbe Feld. Das Feld $H_\mathrm{D}(t)$ wird als Anregungsfeld mit Amplitude $A$ bezeichnet. Die Anregungsfunktion $\Lambda(t)$ ist dabei eine alternierende Funktion und wurde in der Praxis bisher überwiegend als

$$\Lambda(t) = \cos(\omega_\mathrm{T} t) \tag{2.53}$$

implementiert [1, 2, 78, 79, 80, 81, 11]. Sie wird auch in dem in Kapitel 5 vorgestellten FFL-Scanner genutzt. Dabei ist $\omega_\mathrm{T} = 2\pi f_\mathrm{T}$ die Kreisfrequenz des Anregungsfeldes.

Durch Einsetzen von (2.52) mit (2.53) in (2.51) ergibt sich

$$u(t) = \mu_0\, p\, A\omega_\mathrm{T} \sin(\omega_\mathrm{T} t)\, M'(H), \tag{2.54}$$

wobei $A$ [$\mathrm{T}\,\mu_0^{-1}$] die Anregungsfeldamplitude ist.

Ein Gerät, welches eine solche Feldkonstellation implementiert, wird MPI-Spektrometer genannt. So kann das Verhalten von Ferrofluiden im magnetischen Wechselfeld mit den für MPI typischen Feldamplituden und -frequenzen untersucht werden. Von Vorteil dabei ist, dass eine kleine Messkammer implementiert und damit eine hohe Nähe von Empfangsspule und Nanopartikeln erreicht werden kann. Durch das so erhöhte SNR (Signal-zu-Rausch-Verhältnis, Signal-to-Noise-Ratio) sind die Partikeleigenschaften besser analysierbar [82].

### Spektrometersignal idealer Partikel

Die zeitliche Ableitung der Magnetisierung idealer Partikel (2.21) ergibt einen Delta-Impuls als Empfangssignal zum Zeitpunkt des Vorzeichenwechsels des Anregungsfeldes am Orte des Ferrofluidvolumens. Der so entstehende Impuls ist in Abb. 2.3 dargestellt und stellt lediglich den theoretischen Grenzwert der induzierten Signale der folgenden Magnetisierungsmodelle dar.

### Spektrometersignal im Langevin-Modell

Die Ableitung der Langevin-Funktion ist durch

$$\mathcal{L}(\zeta) = \left(\frac{1}{\zeta^2} - \frac{1}{\sinh^2 \zeta}\right) \tag{2.55}$$

gegeben. Dabei ist $\zeta = \mu_0 \mathbf{mH}/k_\mathrm{B}T$, wie aus der Herleitung von (2.36) bekannt. Diese dimensionslose Größe stellt also das Verhältnis von Zeeman-Energie und mittlerer kinetischen Energie des Hitzebades dar.

Das durch (2.55) erhaltene, symmetrische Signal ist in Abb. 2.4 gezeigt. Die Breite des Signals ist in (2.9) berechnet.

### Spektrometersignal im erweiterten Langevin-Modell

Durch die Faltung mit dem nicht symmetrischen Kern (2.44) ist das Messsignal im erweiterten Langevin-Modell ebenfalls nicht symmetrisch, sondern in die Richtung der Magnetfeldänderung verbreitert. Signale für unterschiedliche $\tau$ und $d_\mathrm{c}$ sind in 2.5 dargestellt.

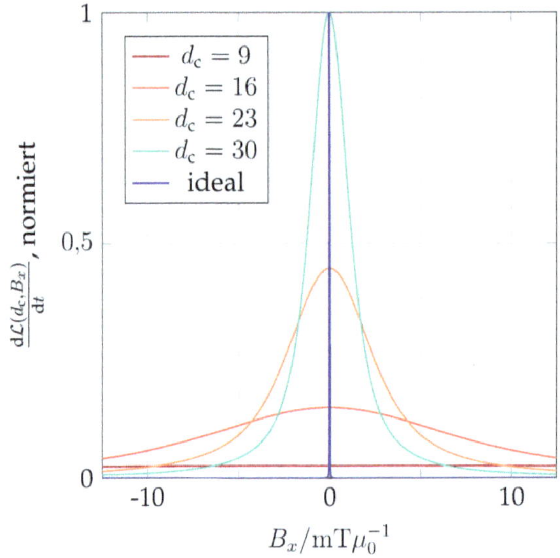


Abbildung 2.4: Partikelsignale im MPI-Spektrometer für unterschiedliche $d_c$ mit Normierung auf das Signal bei $d_c = 30\,\mathrm{nm}$ und $B_x = 0$.

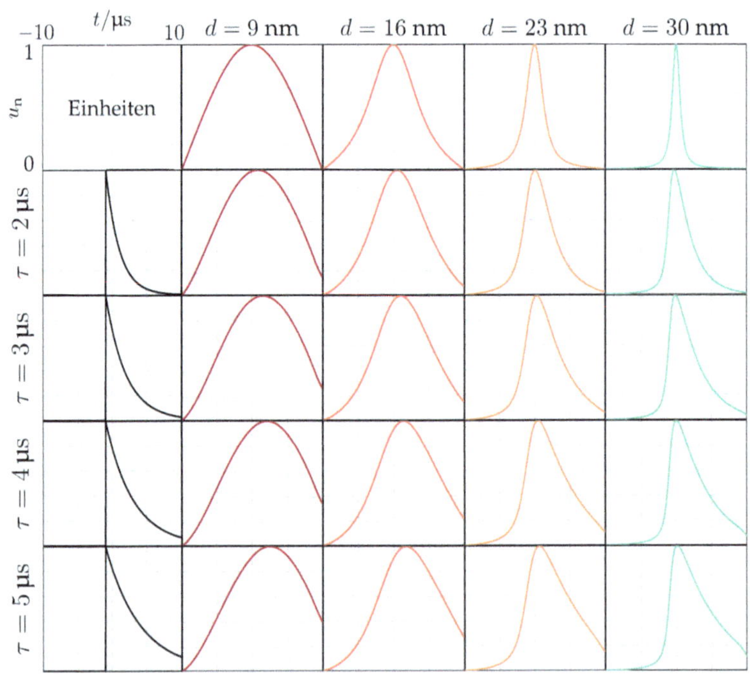


Abbildung 2.5: MPI-Spektrometersignale für relaxierende Langevin-Partikel. Die Signale sind individuell normiert.

### 2.3.3 Örtliche Kodierung mittels Gradientenfeld

Die Signalgleichung (2.50) sei weiterhin auf die Betrachtung in einer Dimension reduziert. Zur Signalgenerierung wurde bisher ein örtlich homogenes und zeitlich alternierendes Magnetfeld vorgestellt. Zur örtlichen Kodierung kann ein zeitlich konstantes und örtlich variierendes Feld überlagert werden. Damit besteht das Gesamtfeld aus den zwei Summanden

$$H(x,t) = H_\mathrm{D}(t) + H_\mathrm{S}(x). \tag{2.56}$$

Um einen linearen Zusammenhang zwischen Ort $x$ und Feld $H(x,t)$ herzustellen, wird

$$H_\mathrm{S}(x) = -Gx \tag{2.57}$$

gewählt. Das Feld $H_\mathrm{S}$ wird Selektionsfeld mit Gradientenstärke $G$ genannt. Das Feld (2.56) weist an der Stelle

$$x_0 = G^{-1} H_\mathrm{D}(t) \tag{2.58}$$

einen Nulldurchgang auf. Dieser Nulldurchgang wird feldfreier Punkt (FFP) genannt. Wird diese Position in (2.56) eingesetzt, ergibt sich

$$H(x,t) = G\left(x_0(t) - x\right). \tag{2.59}$$

Das Gesamtfeld kann also über ein örtlich translatiertes Gradientenfeld und damit über eine Translation des Nulldurchganges bei $x = x_0(t)$ ausgedrückt werden.

Zudem sei eine örtliche Verteilung der magnetisierten Nanopartikelvolumina vorliegend. Ist also $\mathbf{M} = \mathbf{M}(\mathbf{r})$, so ist die Magnetisierung anhand (2.17) gegeben. Die dabei verwendete Verteilungsfunktion kann über

$$\sigma(\mathbf{r}) = \rho(x)\delta(y)\delta(z) \tag{2.60}$$

auf den eindimensionalen Fall reduziert werden. Dabei ist $\delta$ die Delta-Distribution.

Durch die räumliche Abhängigkeit von $H$ und $M$ ist das Integral in der Signalinduktionsgleichung (2.50) nicht mehr zu vernachlässigen. Diese lässt sich bei

Reduktion auf eine Dimension folgendermaßen ausschreiben:

$$\begin{aligned} u_x(t) &= -\mu_0 p \int_{\Omega_x} \frac{\mathrm{d}}{\mathrm{d}t} \mathbf{M}\left(H(x,t)\right) \mathrm{d}x \\ &= -\mu_0 p \int_{\Omega_x} M'(H) \frac{\mathrm{d}H_\mathrm{D}(t)}{\mathrm{d}t} \\ &= -\mu_0 p \frac{\mathrm{d}H_\mathrm{D}(t)}{\mathrm{d}t} \int_{\Omega_x} cm\rho(x)\mathcal{M}'\left(G\left(x_0(t)-x\right)\right) \\ &= -\mu_0 p \, cm \, H_\mathrm{D}'(t) \, \rho(x) * \mathcal{M}'(Gx). \end{aligned} \tag{2.61}$$

Dabei wurde die reduzierte Magnetisierung $\mathcal{M}$ genutzt, welche in (2.16) eingeführt und in (2.22), (2.37) und (2.46) für unterschiedliche Magnetisierungsmodelle definiert ist.

Das von einer eindimensionalen Partikelverteilung $\rho(x)$ induzierte Signal ist also proportional zur Faltung dieser Verteilung mit der Ableitung der Magnetisierungskurve des verwendeten Tracers. Ebenfalls liegt eine Proportionalität zur Änderungsrate des Anregungsfeldes vor.

### 2.3.4 Emulation eines Spektrometers im Scanner

Reduziert man $\rho(x)$ auf die Delta-Distribution $\delta(x)$, liegt also nur bei $x = 0$ des gescannten Bereichs eine Partikelprobe vor, so ist das Selektionsfeld hier $H_\mathrm{S} = 0$. Damit liegt der in 2.3.2 diskutierte Fall vor. Mithilfe eines MPI-Scanners kann also ein Spektrometer emuliert werden. Praktisch ist jedoch aufgrund eines limitierten SNR eine gewisse Konzentration und damit eine gewisse räumliche Ausdehnung der Paritkelprobe notwendig. Damit ist die Emulation nur in grober Näherung möglich.

Der wesentliche Nachteil eines vom einem Scanner emulierten Spektrometers ist die vergleichsweise niedrige Sensitivität. Für eine Spektrometermessung ist eine Messkammer mit einem Volumen von wenigen Mikrolitern ausreichend. Dadurch können die Empfangsspule in ihrer Ausdehnung reduziert und somit ihre Sensitivitäten erhöht werden.

Durch die Definition der räumlichen Bildgebung allein liegt ein räumlich ausgedehnter Messbereicher, also eine räumlich ausgedehnte Sensitivität vor. Durch den so nötigen größeren Radius der Empfangsspule kann die Sensitivität eines Spektrometers nicht erreicht werden. Dadurch ist bei der reinen Analyse des

Partikelverhaltens stets ein dediziertes Spektrometer zu wählen.

Der wesentliche Vorteil eines emulierten Spektrometers liegt darin, dass die gleiche Elektronik wie bei der Bildgebung genutzt wird. Zur Kalibrierung der Rekonstruktionssoftware wird daher der Scanner genutzt, um den effektiven Kerndurchmesser und die effektve Relaxationszeit der Partikel zu bestimmen (siehe 6.2). Dadurch unterliegen sowohl die Signale der Kalibrierung, als auch die der weiteren Messungen der selben Transferfunktion.

## 2.4 Rekonstruktion der Partikelverteilung

Die Rekonstruktion der Partikelverteilung geschieht über das Auflösen der Gleichung für die induzierte Spannung (2.61) nach $\rho(x)$. Zum physikalischen Verständnis der einzelnen Terme wird dieses Auflösen hier genauer betrachtet. Alle von Zeit und Ort unabhängigen Konstanten können zuvor herausdividiert werden. Es bleibt das Partikelsignal

$$s_{\text{reduziert}}(t) = H'_{\text{D}}(t)\,\rho(x) * \mathcal{M}'(Gx) \tag{2.62}$$

nach $\rho(x)$ aufzulösen.

### 2.4.1 Kompensation der Feldgeschwindigkeit

Das gemessene Partikelsignal ist proportional zur Änderungsrate des externen magnetischen Feldes. In (2.61) wurde davon ausgegangen, dass nur das Anregungsfeld eine wesentliche Abhängigkeit von der Zeit aufweist. Ob diese Annahme in der zweidimensionalen Bildgebung mit einer FFL noch valide ist, wird in 3.3.3 diskutiert.

Mit der Anregungsfunktion aus (2.53) gilt für deren Änderungsrate

$$H'_{\text{D}}(t) = A\omega_{\text{T}} \sin(\omega_{\text{T}} t). \tag{2.63}$$

Damit ist die Geschwindigkeit des FFP im Zentrum des gescannten Bereiches maximal und am Rand Null. Somit induzieren zwei gleiche Partikelkonzentrationen an unterschiedlichen Orten im FOV Signale mit unterschiedlicher Amplitude. Ebenfalls führt eine äquidistante Abtastung des Zeitsignals nicht zu einer äquidistanten Abtastung des Ortes.

### Geschwindigkeitsnormalisierung

Der Effekt der örtlichen Abhängigkeit der Signalamplitude kann durch die Division von Signal und Änderungsrate des Magnetfeldes kompensiert werden. Es bleibt

$$s_{\text{norm}}(t) = \rho(x) * \mathcal{M}'(Gx)\big|_{x=x(t)}. \tag{2.64}$$

Um die bleibende Abhängigkeit von der Zeit zu verstehen, muss beachtet werden, dass die Faltung über die Position des FFP ausgeführt wird. Diese Position ist zeitabhängig.

Bei der Normierung tritt das Problem auf, dass die Geschwindigkeit des FFP am Rand des Messbereichs verschwindet. Während der zugehörigen Zeitpunkte fällt das gemessene Signal auf das Rauschen des Messprozesses ab. Das zu erwartende Rauschen ist in 5.2.1 diskutiert.

In der Praxis wurde in dieser Arbeit daher der Bereich, in welchem die FFP-Geschwindigkeit unter einen Grenzwert fällt, von der Rekonstruktion ausgeschlossen. Damit wurde der rekonstruierte Bereich um etwa $5\%$ verkleinert.

### Transformation in den Ortsbereich

Betrachtet man eine zeitlich äquidistante Abtastung des normierten Signals (2.64), so ist klar, dass bei einer variierenden Geschwindigkeit des FFP keine örtlich äquidistante Abtastung der Partikelkonzentration vorliegt. Für die Anregungsfunktion (2.53) sind die örtliche und zeitliche Abtastung in 2.6 vergleichend dargestellt.

Dies kann durch die Umkehrfunktion von (2.52) kompensiert werden. An diskret abgetasteten Messdaten bedeutet dies, dass $s_{\text{normiert}}$ ein Gitter der Form $\Lambda'(t)$ zugeordnet und auf ein äquidistantes Gitter interpoliert werden kann. Das resultierende Signal ist

$$s_{\text{trans}}(x) = \rho(x) * \mathcal{M}'(Gx). \tag{2.65}$$

## 2.4.2 Kompensation der analogen Frequenzfilterung

Das dominante zeitlich veränderliche Feld im FOV ist das Anregungsfeld (2.52). Seine Amplitude übersteigt die der Partikelmagnetisierung in der Regel um mehre-

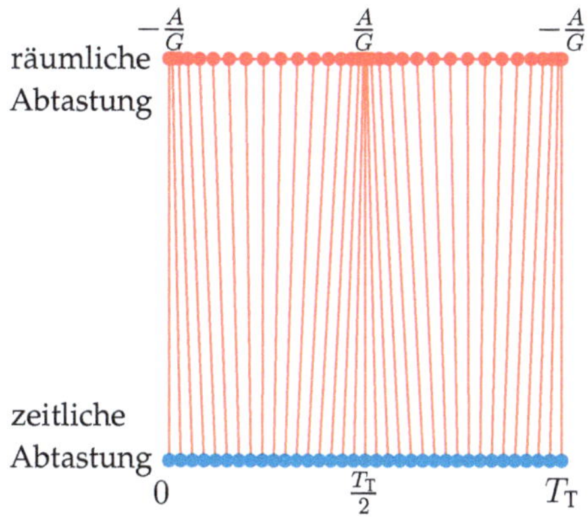


Abbildung 2.6: Schematische Darstellung der Abtastung: Die oberen Punkte stellen die Abtastpunkte des Signals im Raum, die unteren Punkte die Abtastpunkte des Signals in der Zeit dar. Die verbindenden Linien zeigen an, welcher Punkt im Raum zu welchem Zeitpunkt abgetastet wird. Um von der zeitlichen Verteilung von Signalen auf deren örtliche Zuordnung schließen zu können, muss diese Operation rückgängig gemacht werden, indem die gemessenen Signale dem oberen Gitter zugeordnet und auf einem äquidistanten Gitter abgetastet werden.

re Größenordnungen. Dies führt dazu, dass ein Signal mit der Anregungsfrequenz $f_T$ in den Empfangsspulen induziert wird, welches das Partikelsignal ebenfalls um mehrere Größenordnungen übertrifft. Um dieses Signal zu dämpfen oder auszulöschen, gibt es verschiedene Strategien. Sie beinhalten das phasenverschobene Einkoppeln des Anregungssignals in den Empfangspfad [83] oder das analoge Filtern der betroffenen Frequenzen [84].

In dem hier vorgestellten FFL-Scanner wird die zweite Strategie angewandt. Es wird eine Dämpfung der Grundfrequenz im Empfangspfad durchgeführt. Wie in 4.5.1 besprochen, besteht das Partikelsignal nach der Fourieranalyse aus dieser Grundfrequenz und höheren Harmonischen, sofern nur eine Anregungsfrequenz vorliegt. Eine Dämpfung der Grundfrequenz im Empfangspfad bedeutet, dass auch die Grundfrequenz des Partikelsignals gedämpft wird.

Um die Auswirkung der Dämpfung auf das rekonstruierte Bild zu analysieren, sei hier eine Signalgenerierung ohne Gradientenfeld angenommen. Ferner sei $A_F$ die Amplitude der Dämpfung der Grundwelle. Dadurch entspricht $A_F\Lambda'(t)$ dem induzierten Partikelsignal in Abwesenheit eines Selektionsfeldes. Das induzierte Signal ist dann über

$$u_{-f_T}(t) = -\mu_0 p\, cm\, H'_D(t)\, \rho(x) * \mathcal{M}'(Gx) - A_F\Lambda'(t) \tag{2.66}$$

gegeben. In der Rekonstruktion wird das Signal zunächst normalisiert, wodurch

$$s_{\text{norm},-f_\text{T}}(t) = \frac{A\Lambda'(t)\,\rho(x) * \mathcal{M}'(Gx) - A_\text{F}\Lambda'(t)}{A\Lambda'(t)} \tag{2.67}$$

$$= \rho(x) * \mathcal{M}'(Gx) - \frac{A_\text{F}}{A} \tag{2.68}$$

generiert wird. Es wird also ein konstanter Offset eingeführt, welchen es zu kompensieren gilt. Das Transformieren auf ein örtlich äquidistantes Gitter beeinflusst den Offset nicht. Das Resultat der Korrektur ist in Abb. 2.7 dargestellt.

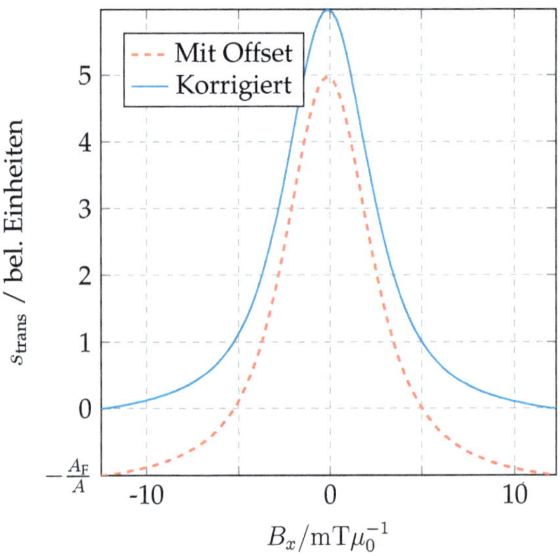


Abbildung 2.7: Durch die Rekonstruktion des frequenzgefilterten Partikelsignals entsteht ein Offset-Artefakt in der Partikelverteilung, welches gemessen und korrigiert werden kann.

Praktisch kann der Offset $A_\text{F}/A$ in einem Bereich gemessen werden, in welchem kein Partikelsignal vorliegt, beispielhaft also in einer Leermessung. Nach den beschriebenen Rekonstruktionsschritten würde die rekonstruierte Partikelverteilung hier auf Null abfallen, fällt durch die analoge Filterung allerdings auf $-A_\text{F}/A$.

### 2.4.3 Örtliche Auflösung

Bisher unbeachtet in der Rekonstruktion blieb die Form der Ableitung der Partikelmagnetisierung. Da die tatsächliche Partikelverteilung in der Rekonstruktionsgleichung (2.65) mit $\mathcal{M}'(Gx)$ gefaltet wird, bestimmt diese, als Faltungskern verwendete Funktion, die örtliche Auflösung des rekonstruierten Bildes. Hier wird deutlich, wie abhängig die MPI-Bildgebung von den Eigenschaften der verwendeten Tracer ist.

Zur Definition der örtlichen Auflösung existieren diverse Kriterien von Rayleigh, Schuster, Houston und Buxton [85, 13]. Als Auflösung wird dabei der Abstand zweier Punkte gleicher Intensität definiert, bei welchem diese noch unterschieden werden können. Nach Houston können zwei solcher Punkte noch unterschieden werden, wenn deren Abstand mehr als die FWHM (Halbwertsbreite, Full-Width at Half Maximum) beträgt [86].

Die Funktionsweise dieses Kriteriums ist in Abb. 2.8 dargestellt.

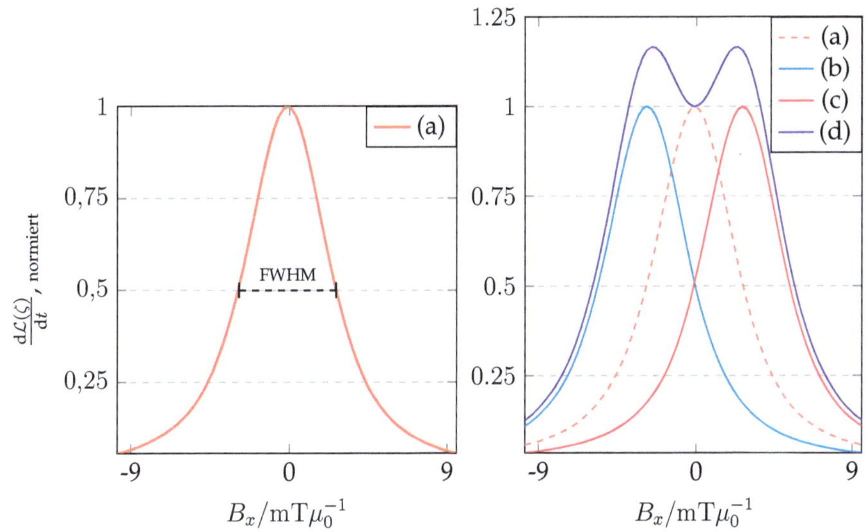


Abbildung 2.8: Motivation des FWHM anhand des Faltungskerns für 23-nm-Langevin-Partikel. Links: Das FWHM ist über die volle Breite des Faltungskerns (a) beim Funktionswert $1/2$ gegeben. Rechts: Die Definition des FWHM ermöglicht es, die Überlagerung (d) der zwei Punkte (b) und (c), deren Abstand gleich dem FWHM ist, noch zu unterscheiden.

### Ideale Partikel

Werden die in 2.2.2 vorgestellten idealen Partikel angenommen, so ergibt sich als Ableitung der Sprungfunktion $h_{-1,1}(x)$ die Delta-Distribution $\delta(x)$. Somit ergibt gemäß (2.65) die Rekonstruktion

$$s_{\text{reco}}(x) = \rho(x) * \mathcal{M}'(Gx) = \rho(x) * \delta(x) = \rho(x). \tag{2.69}$$

Würde ein solches Magnetisierungsverhalten tatsächlich realisiert werden, so würde dennoch die Bandbreite der Elektronik des Scanners die örtliche Auflösung beschränken [13]. Durch die typische Bandbreite von MPI-Scannern wäre dennoch eine Auflösung im Mikrometerbereich denkbar.

Das zur Rekonstruktion notwendige Vorgehen für ideale Partikel beschränkt sich auf die folgenden drei Punkte:

1. Geschwindigkeitsnormalisierung
2. Gitter-Interpolation
3. Offset-Korrektur

Für realistischere Magnetisierungsmodelle muss dieses Vorgehen erweitert werden, wie im Folgenden dargelegt.

### Langevin-Partikel

Das in der MPI-Forschung meist genutzte Modell für die Partikelmagnetisierung beinhaltet die Langevin-Funktion, womit die Magnetisierung gemäß (2.36) gegeben ist. Unter dieser Annahme des thermodynamischen Gleichgewichts ergibt sich der symmetrische Faltungskern (2.55), welcher in 2.4 dargestellt ist.

Um das FWHM in diesem Fall auszurechnen, kann numerisch bestimmt werden, bei welchem Wert $\zeta_{\mathrm{FWHM}}$ der Funktionswert $1/2$ angenommen wird. Dies geschieht bei $\zeta_{\mathrm{FWHM}} \approx 2,08$. Damit gilt

$$\mathrm{FWHM}_{\mathrm{Lan}} \approx \frac{(22,08)k_{\mathrm{B}}T}{\mu_0 m G} \tag{2.70}$$

$$\approx \frac{24 k_{\mathrm{B}}T}{M_{\mathrm{S}}\pi} G^{-1} d_{\mathrm{c}}^{-3}. \tag{2.71}$$

Die Abhängigkeit der örtlichen Auflösung ist umgekehrt proportional zur Gradientenstärke und zur dritten Potenz des Partikeldurchmessers. Dieses Verhältnis ist in Abb. 2.9 dargestellt. Da zur Zeit $30\,\mathrm{nm}$ große Partikel für optimal in der MPI-Bildgebung gehalten werden [20], ist diese Kurve für die zukünftige Auflösungsbeschränkung des Verfahrens relevant. Es zeigt sich, dass bei einem Gradienten von $1\,\mathrm{T\,m^{-1}\,\mu_0^{-1}}$ $\mathrm{FWHM}_{\mathrm{Lan}} = 2{,}4\,\mathrm{mm}$ zu erwarten ist. Werden dagegen Partikel mit einem Durchmesser von $23\,\mathrm{nm}$ angenommen, so ergibt sich $\mathrm{FWHM}_{\mathrm{Lan}} = 5{,}3\,\mathrm{mm}$. Der zuletzt gegebene Wert wird in Kapitel 6 im Experiment bestätigt.

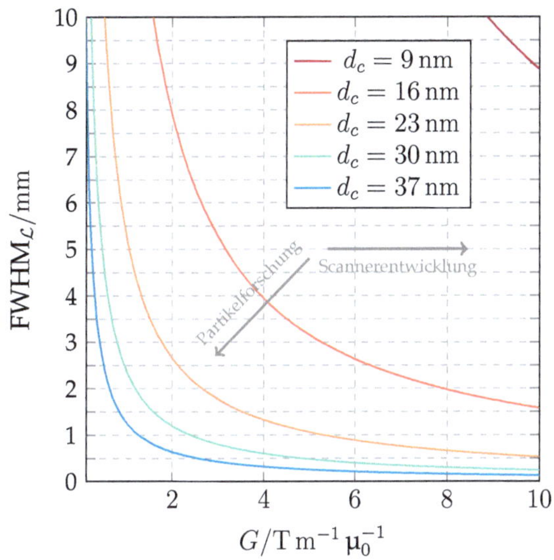


Abbildung 2.9: FWHM des Faltungskern von Langevin-Partikel gegen die Gradientenstärke des Selektionsfeldes aufgetragen.

Stimmen die Messdaten mit diesem Modell der Signalinduktion überein, so kann eine Entfaltung durchgeführt werden, um das räumliche Auflösungsvermögen noch weiter zu erhöhen (siehe 2.4.4). Der einzige Entfaltungsparameter - der Partikeldurchmesser - kann dazu anhand einer einzigen Kalibrationsmessung gewonnen werden (siehe 6.2).

Damit ergibt sich folgende Rekonstruktionsstrategie:

1. Geschwindigkeitsnormalisierung
2. Gitter-Interpolation
3. Offset-Korrektur
4. Entfaltung mit Langevin-Funktion

### Relaxierende Langevin-Partikel

Um die örtliche Auflösung von Partikeln mit Relaxationsverhalten zu beschreiben, ist sich die Anpassung des Relaxationskerns, wie in [66] gezeigt, hilfreich.

Zunächst kann der Debye Relaxationskern (2.44) in örtlicher Abhängigkeit als

$$r(t) = \frac{1}{v_s \tau} \exp\left(-\frac{x_0(t)}{v_s}\right) u(x_0(t)) \tag{2.72}$$

ausgedrückt werden. Der Faktor $1/v_\mathrm{s}$ normalisiert dabei das Integral des Faltungskerns.

Die Scangeschwindigkeit $v_\mathrm{s}$ ist die Ableitung der Position des Nulldurchganges des Gesamtfeldes. Ein eindimensionales Anregungsfeld $H(t) = A\sin(\omega t)$ ist um $H(t) = 0$ in guter Näherung linear $H(t) \approx A\omega t$. Mit (2.56) ergibt sich

$$v_\mathrm{s} = \frac{\omega A}{G}. \tag{2.73}$$

In [66] wurde ebenfalls gezeigt, dass die Debye-Relaxation der Partikel gemäß (2.39) ebenfalls über eine konstante Phasenverzögerung $\phi$ der Magnetisierung hinter der Richtung des Anregungsfeldes angesehen werden kann. Für ein sinusoidales Anregungsfeld und ein kleines $\phi$ gilt

$$\phi = 2\pi f_0 \tau. \tag{2.74}$$

Über $\omega = 2\pi f_0$ ist somit eine Verknüpfung der Phase der Verzögerung der Partikelmagnetisierung und dem Relaxationskern (2.72) gefunden. Als Funktion von $\phi$ ergibt dieser

$$r\left(\frac{x_0(t)}{v_\mathrm{s}}\right) = \frac{G}{\phi A}\exp\left(\frac{Gx_0(t)}{\phi A}\right)u(x_0(t)). \tag{2.75}$$

Da dieser Kern lediglich zur Breite des zuvor beschriebenen $\mathrm{FWHM}_\mathrm{Lan}$ einen Wert addiert, kann

$$\mathrm{FWHM}_\mathrm{Debye} \approx \alpha\mathrm{FWHM}_\mathrm{Lan} + \beta\mathrm{FWHM}_r \tag{2.76}$$

angenommen werden. Dabei ist $\mathrm{FWHM}_\mathrm{Debye}$ das gesamte FWHM und $\mathrm{FWHM}_r$ der Beitrag des Relaxationskerns. Die Gewichtungen $\alpha$ und $\beta$ wurden anhand von Messdaten ermittelt und auf $0{,}96$ und $1{,}38$ festgesetzt [66]. Die Breite des Beitrags des Relaxationskerns ist mit (2.73) und (2.74) über

$$\begin{aligned}\mathrm{FWHM}_r &= \ln(2)v_\mathrm{s}\tau \\ &= \ln(2)\frac{2\pi f_0 A\tau}{G} \\ &= \frac{\ln(2)\phi A}{G}\end{aligned} \tag{2.77}$$

gegeben. Dass die Beschreibung der Relaxation über eine Phasenverzögerung akkurat ist, haben bisher ausschließlich Messdaten der zitierten Studie gezeigt. Hier wurden für die Tracer Resovist®[50] und UW33 [87, 20] Werte für $\phi$ von $0{,}175$ bzw. $0{,}075$ gemessen. Zusätzlich konnte die in diesem Modell vorgeschlagene Unabhängigkeit der Phasenverzögerung von der Anregungsfrequenz durch Messungen bestätigt werden. Ebenfalls zeigt sich eine Abhängigkeit von $\phi$ von der Anregungsfeldamplitude $A$. Mit steigender Amplitude nimmt $\phi$ ab. Dieses Ergebnis zeigt, dass die örtliche Auflösung des Verfahrens mit niedrigeren Anregungsfeldamplituden verbessert werden kann.

Die örtliche Auflösung lässt sich allerdings auch bei gegebenem $A$ durch eine Entfaltung verbessern. Stimmen die Messdaten mit diesem Modell der Signalinduktion (2.46) in guter Näherung überein, so kann auch hier eine Entfaltung durchgeführt und die Verwischung des Empfangssignals in Richtung der Magnetfeldänderung entfaltet werden (siehe 2.4.4). Die zwei zu bestimmenden Entfaltungsparameter sind in diesem Falle der mittlere Partikeldurchmesser und die effektive Relaxationszeit $\tau$ der Partikel.

Damit ergibt sich folgende Rekonstruktionsstrategie:

1. Entfaltung mit Debye-Relaxationskern
2. Geschwindigkeitsnormalisierung
3. Gitter-Interpolation
4. Offset-Korrektur
5. Entfaltung mit Langevin-Funktion

### 2.4.4 Entfaltung

Um die Faltung einer Partikelverteilung $\rho(x)$ mit einem Faltungskern $k(x)$ zu invertieren, kann eine Entfaltung angewandt werden [88]. Es gelte $s(x) = \rho(x) * k(x)$, wobei der Faltungsoperator $*$ gemäß (2.42) definiert sei. Nach dem Faltungssatz gilt dann

$$\hat{s}(u) = \mathcal{F}(s(x)) = \mathcal{F}(\rho(x)) \cdot \mathcal{F}(k(x)) = \hat{\rho}(u) \cdot \hat{k}(u). \tag{2.78}$$

Für ein $s(x)$ ohne Rauschen und einen Faltungskern $k(x)$, dessen Fourierkoeffizienten $u$ stets von Null verschieden sind, gilt somit

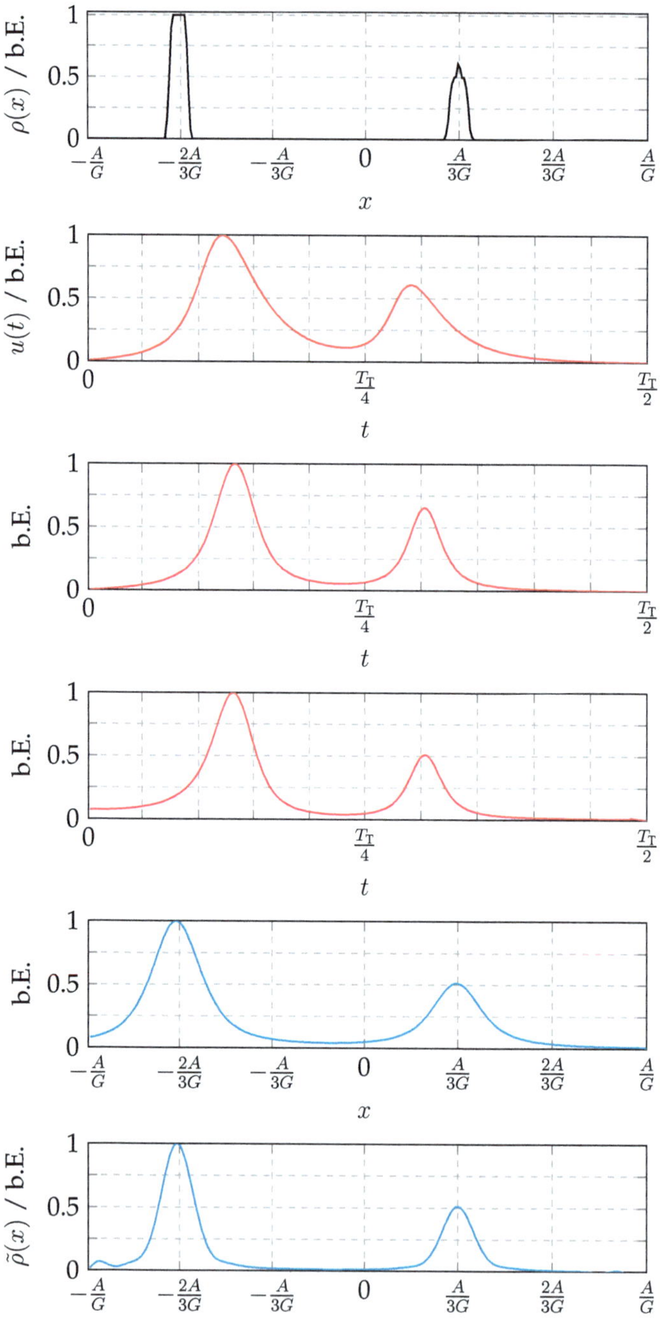


Tatsächliche Partikelkonzentrationsverteilung.

Simuliertes Induktionssignal, dem erweiterten Langevin-Modell entsprechend.

Entfaltung mit dem Relaxationskernel.

FFL-Geschwindigkeitsnormierung, wodurch $u(t)$ zeitunabhängig linear mit der Konzentration $c$ skaliert.

Interpolation auf das örtliche, äquidistante Gitter.

Entfaltung mit der Langevin-Funktion, wodurch $\tilde{\rho}(x)$ rekonstruiert ist.

Abbildung 2.10: Visualisierung der Rekonstruktionsschritte für relaxierende Langevin-Partikel (b.E., beliebigen Einheiten)

$$\rho(x) = (F)^{-1}\left(\frac{\hat{s}(u)}{\hat{k}(u)}\right). \tag{2.79}$$

Durch das Vorliegen von additivem Rauschen auf dem Signal $s(x)$ ist diese eindeutige Invertierung nicht mehr möglich. Um dennoch eine Entfaltung durchführen zu können, kann eine Filterung vorgenommen werden, welche abhängig vom SNR der einzelnen Frequenzen ist. Die Entfaltung und die Frequenzfilterung können zu folgender Operation zusammengefasst werden, welche als Wiener-Entfaltung bezeichnet wird [89]:

$$\tilde{\rho}(x) = \mathcal{F}^{-1}\left(\frac{\hat{s}(u)}{\hat{k}(u)}\left(\frac{|\hat{k}(u)|^2}{|\hat{k}(u)|^2 + \frac{1}{\mathrm{SNR}(u)}}\right)\right) \tag{2.80}$$

In der Anwendung auf die vorgestellen Rekonstruktionen entspricht $k(x)$ je nach Magnetisierungsmodell den Kernen (2.55) bzw. (2.72).

# 3

# Signalgenerierung und -kodierung im Zweidimensionalen



Nachdem das physikalische Modell der Signalgenerierung und -kodierung in einer Dimension vorgestellt ist, soll in diesem Kapitel die zweidimensionale Bildgebung mittels FFL-MPI erläutert werden. Dabei wird die räumliche Kodierung mittels einer FFL von der Alternative abgegrenzt, einen FFP zu nutzen. Damit werden hier die bisher einzig zwei bekannten, realisierbaren Magnetfeldkonfigurationen analysiert, welche eine eindeutige Rekonstruktion ermöglichen.

Zunächst wird erläutert, wie die geplanten Magnetfelder mit der quasistatischen Approximation der Maxwell-Gleichungen beschrieben werden können. Es wird das Biot-Savart-Gesetz und das Konzept der Spulenssensitivität vorgestellt.

In diesem Kapitel wird versucht, theoretisch erzeugbare Felder zu entwickeln, ohne auf deren Realisierung durch Elektromagneten oder Permanentmagneten einzugehen. Ein Aufbau aus Elektromagneten, welche die hier hergeleiteten Felder generieren, wird in Kapitel 4 entworfen. Der Konstruktion des Feldgenerators und der Bestromung ist Kapitel 5 gewidmet. Somit erfolgt eine möglichst strikte Aufteilung von magnetischen Feldern, entworfenen Elektromagneten und implementierten Spulen auf diese drei Kapitel.

Mithilfe der nach der Spulensensitivität vorgestellten Tensorschreibweise der Magnetfelder können die Felder von FFP und FFL für geeignete Spulenkonfigurationen in guter Näherung beschrieben werden. Die für die unterschiedlichen Selektionsfelder zu generierenden Spulenkonfigurationen und die zu applizierenden Ströme werden präsentiert und die Implementierung eines FFL-Scanners umfassend motiviert.

Beide Konzepte (FFP und FFL) werden auf den Gebrauch von unbewegten, einige Zentimeter großen effektiven Messfeldern reduziert. Dies stellt eine sinnvolle Limitierung auf eine zur Grundlagenforschung geeignete Scannergröße dar. Die Möglichkeiten zur Vergößerung des Messbereichs sowie die damit verbundenen Herausforderungen bezüglich der Verlustleistungen, der Patientensicherheit und der Rekonstruktion sind in Kapitel 8 diskutiert.

Es sei angemerkt, dass für die Berechnung der Felder im Innern des Scanners die Anwesenheit von Materialien, bei denen sich die Permeabilität $\mu$ wesentlich von 1 unterscheiden ausgeschlossen werden. Damit gilt für den Zusammenhang zwischen magnetischer Flussdichte $\mathbf{B}$ und magnetischer Feldstärke $\mathbf{H}$ im Scanner näherungsweise die Beziehung

$$\mathbf{B} = \mu_0 \mathbf{H}. \tag{3.1}$$

Sind magnetische Partikel anwesend, so gilt diese Annahme nicht. Die Veränderung der magnetischen Flussdichte durch die Partikel ist ein für die Bildgebung gewünschter Prozess, muss aufgrund der Größe und der geringen Konzentration der Nanopartikel bei der Planung der makroskopischen Magnetfelder jedoch nicht berücksichtigt werden.

## 3.1 Magnetfeldmodell

Die Maxwell-Gleichungen bieten die Grundlage zur Beschreibung von Magnetfeldern. Diese können unter bestimmten Bedingungen vereinfacht werden, was zur sogenannten quasistatischen Approximation führt. Mit deren Hilfe kann eine einfache Schreibweise in Matrixform zur Repräsentation der hier zu beschreibenden Magnetfelder entwickelt werden.

### 3.1.1 Quasistatische Approximation

Da für MPI magnetische Wechselfelder genutzt werden, gilt es zu überprüfen, ob die Beschreibung der Maxwell-Gleichungen in ihrer quasistatischen Näherung genügen. Damit könnte der Wellencharakter der Feldausbreitung vernachlässigt werden. Eine Änderung der Stromstärke in den verwendeten Spulen erzeugt also eine unmittelbare Änderung der Magnetfeldstärken im Scanner. Damit können die Wechselfelder ohne das Lösen von Differentialgleichungen berechnet werden. Zwei Bedingungen dafür werden für die in MPI verwendeten Materialien und Aufbaugrößen in [12] anhand der Werke [90, 91, 92] beschrieben. Demnach folgen zwei wesentlichen Beschränkungen für die maximal zulässige Frequenz $f_{\max}$ der applizierten Ströme. Die erste besagt, dass der Messaufbaudurchmesser $D^{\text{Mess}}$ wesentlich kleiner als die kleinste auftretende Wellenlänge $\lambda^{\min} = \frac{\tilde{c}}{f^{\max}}$ sein muss. Hierbei ist $\tilde{c} = \frac{1}{\sqrt{\epsilon\mu}}$ die Lichtgeschwindigkeit im jeweiligen Medium, wobei $\epsilon$ die Permittivität und $\mu$ die Permeabilität des Mediums sind. Dies ergibt

$$f_{\max} \ll \frac{1}{\sqrt{\epsilon\,\mu} D^{\text{Mess}}}. \tag{3.2}$$

Eine zweite Bedingung verlangt die Vernachlässigbarkeit der Verschiebungsstromdichte gegenüber der Stromdichte im Ampèreschen Gesetz, woraus in [92]

$$f_{\max} \ll \frac{\sigma}{\epsilon} \tag{3.3}$$

hergeleitet wird. Wie ebenfalls in [12] diskutiert, können aufgrund der im Vergleich zur Partikelmagnetisierung **M** hohen Magnetfeldstärke die Annahmen $\epsilon = \epsilon_0$ und $\mu = \mu_0$ getroffen werden. Das in den Spulen verwendete Material ist Kupfer, wie in Kapitel 5 gegeben. Die Leitfähigkeit von Kupfer beträgt $\sigma \approx 58\,10^6\,(\Omega\text{m})^{-1}$. Als obere Grenze für die Ausdehnung der Messkammer kann selbst für einen hochskalierten Aufbau $D^{\text{Mess}} = 1\,\text{m}$ angenommen werden. Es folgen $10^9$ Hz und

$10^{18}$ Hz als obere Grenzen der applizierbaren Frequenzen. Die für die Bildgebung genutzten Frequenzen liegen in der Größenordnung von $10^3$ Hz–$10^6$ Hz und erfüllen somit die Bedingungen. Damit können die Anregungs- und Selektionsfelder durch Gesetze der Elektro- und Magnetostatik beschrieben werden.

### 3.1.2 Biot-Savart-Gesetz

Dank der Vernachlässigung des Verschiebungsstroms gegenüber der Stromdichte $\mathbf{J}$ stellt sich das Ampèresche Gesetz für die Berechnung der magnetischen Flussdichte $\mathbf{B}$ in der vereinfachten Form

$$\mathbf{rot}\,\mathbf{B} = \mu_0\,\mathbf{J} \tag{3.4}$$

dar. Unverändert gilt das Gaußsche Gesetz des Magnetismus

$$\text{div}\,\mathbf{B} = 0. \tag{3.5}$$

Die zwei Gleichungen (3.4) und (3.5) stellen also die zentralen Anforderungen an realisierbare Magnetfelder unter den genannten Bedingungen dar. Im Folgenden werden aus diesen zwei Bedingungen die für das Scannerdesign wesentlichen Gleichungen gewonnen.

Um einen allgemeinen Weg zu finden, die magnetische Flussdichte zu berechnen, welche durch eine beliebige räumliche Stromdichteverteilung $\mathbf{J}(\mathbf{r}_2)$ erzeugt wird, ist ein Umweg über das magnetische Vektorpotential $\mathbf{A}$ hilfreich. Definiert man

$$\mathbf{B} = \mathbf{rot}\,\mathbf{A}, \tag{3.6}$$

so ergibt sich automatisch, dass die Bedingung (3.4) erfüllt ist, da

$$\text{div}\,\mathbf{B} = \nabla \cdot (\nabla \times \mathbf{A}) \tag{3.7}$$

stets gilt. Da $\mathbf{A}$ durch seine partiellen Ableitungen noch nicht eindeutig definiert ist, kann noch die Coulomb-Eichung

$$\text{div}\,\mathbf{A} = 0 \tag{3.8}$$

vorgenommen werden, womit $\mathbf{A}$ - bis auf additive Funktionen, welche die Laplacegleichung erfüllen - eindeutig bestimmt ist. Diese können so gewählt werden, dass $\mathbf{A}$ im Unendlichen Null ergibt [93]. Da stets

$$\nabla \times (\nabla \times \mathbf{A}) = \mathbf{grad}\,\mathrm{div}\,\mathbf{A} - \mathbf{div}\,\mathbf{grad}\,\mathbf{A} \tag{3.9}$$

gilt, folgt aus (3.4) und (3.8) für das Verhältnis zwischen Stromdichte $\mathbf{J}$ und Vektorpotential

$$\begin{aligned} \mu_0\,\mathbf{J} &= \mathbf{rot}\,\mathbf{B} \\ &= \nabla \times (\nabla \times \mathbf{A}) \\ &= \mathbf{grad}\,\mathrm{div}\mathbf{A} - \mathbf{div}\,\mathbf{grad}\mathbf{A} \\ &= -\Delta A. \end{aligned} \tag{3.10}$$

Die Lösung der Gleichung $\Delta\mathbf{A} = -\mu_0\,\mathbf{J}$ ist durch

$$\mathbf{A}(\mathbf{r_1}) = \frac{\mu_0}{4\pi}\int_V \frac{\mathbf{J}(\mathbf{r}_2)\cdot \mathrm{d}V_2}{r_{12}} \tag{3.11}$$

gegeben, wobei $r_{12} = \|\mathbf{r}_{12}\| = \|\mathbf{r}_1 - \mathbf{r}_2\|$ ist. Weiterhin ist $\mathbf{r}_2$ der Ort des Volumens $V_2$ und $V$ das gesamte stromführende Volumen.

Aus dieser expliziten Berechnung des Vektorpotentials aus einer beliebigen Stromdichteverteilung kann die magnetische Flussdichte nun über die initiale Konstruktion von $\mathbf{A}$ gewonnen werden:

$$\begin{aligned} \mathbf{B}(\mathbf{r}_1) &= \mathbf{rot}\mathbf{A}(\mathbf{r}_1) \\ &= \frac{\mu_0}{4\pi}\int_V \nabla \times \frac{\mathbf{J}(\mathbf{r}_2)\cdot \mathrm{d}V_2}{r_{12}} \\ &= \frac{\mu_0}{4\pi}\int_V \frac{\mathbf{J}(\mathbf{r}_2)\times \mathbf{e}_{12}}{r_{12}^2}\mathrm{d}V_2. \end{aligned} \tag{3.12}$$

Dabei ist $\mathbf{e}_{12} = \mathbf{r}_{12}/r_{12}$. Werden zur Stromleitung dünne Drähte genutzt, so kann $\mathbf{J}\cdot \mathrm{d}V = \mathbf{J}\cdot \mathrm{d}\mathbf{F}\cdot \mathrm{ds} = I\,\mathrm{ds}$ angenähert werden, wobei $\mathbf{F}$ der Querschnitt eines Leiters ist. Diese Näherung setzt voraus, dass die Stromdichte im Leiter homogen ist, was für die genutzten Litzekabel in der Scannerkonstruktion (siehe 5.1.1) auch bei den genutzten Frequenzen in guter Näherung zutreffend ist. Dies ergibt nach

Integration über $\mathrm{d}\mathbf{F}$ das Linienintegral

$$\mathbf{B}(\mathbf{r}_1) = \frac{\mu_0}{4\pi} I \int \frac{\mathbf{e}_{12} \times \mathrm{d}\mathbf{s}}{r_{12}^2} \mathrm{d}V_2, \tag{3.13}$$

welches als Biot-Savart-Gesetz bekannt ist. Diese Beziehung dient als Grundlage für die Optimierung von Spulengeometrien sowie -topologien zur Erzeugung von Magnetfeldern, die eine möglichst geringe Abweichung von idealen Magnetfeldern aufweisen sollen. Dies ist das zentrale Thema von Kapitel 4. Hierzu wird das Konzept der Spulensensitivität eingeführt.

### 3.1.3 Spulensensitivität

Das Biot-Savart-Gesetz, welches hier für die magnetische Flussdichte aufgestellt wurde, kann mithilfe von (3.1) als

$$\mathbf{H}(\mathbf{r}_1) = \frac{1}{4\pi} I \int \frac{\mathbf{e}_{12} \times \mathrm{d}\mathbf{s}}{r_{12}^2} \mathrm{d}V_2 \tag{3.14}$$

ausgedrückt werden. Es sei angenommen, dass der zeitliche Verlauf der Stromstärke in dem hier beschriebenen dünnen Leiter von den geometrischen Eigenschaften des Feldes trennbar ist. So lässt sich die Spulensensitivität $\mathbf{p}(\mathbf{r}_1)$ über

$$\mathbf{p}(\mathbf{r}_1) = \frac{\mathbf{H}(\mathbf{r}_1)}{I} \tag{3.15}$$

definieren als

$$\mathbf{p}(\mathbf{r}_1) = \frac{1}{4\pi} \int \frac{\mathbf{e}_{12} \times \mathrm{d}\mathbf{s}}{r_{12}^2} \mathrm{d}V_2. \tag{3.16}$$

Die Spulensensitivität findet im Feldgeneratorentwurf ihre zentrale Anwendung, was in Kapital 4.1 beschrieben wird.

### 3.1.4 Reziprozitätsprinzip

Auf die Herleitung des Reziprozitätsprinzips sei hier verzichtet und auf [94, 12] verwiesen. Für ein intuitives Verständnis kann das Faradaysche Induktionsgesetz herangezogen werden. Dies besagt, dass die zeitliche Änderung des magnetischen Flusses durch eine geschlossene Kurve $\Omega$ eine Spannung $u(t)$ entlang dieser Schleife generiert. Gleichbedeutend ist, dass die zeitliche Änderung einer magnetischen Flussdichte durch die so aufgespannte Fläche eine Spannung erzeugt. Innerhalb von magnetisierbaren Partikeln setzt sich die Flussdichte aus externer Magnetfeldstärke $\mathbf{H}$ und Magnetisierung $\mathbf{M}$ zusammen. Der durch die Magnetisierung generierte Beitrag zur Spannungsinduktion ist das Partikelsignal und ist gemäß

$$u(t) = -\mu_0 \int_\Omega \frac{\mathrm{d}}{\mathrm{d}t} \mathbf{M} \left( \mathbf{H}(\mathbf{r}, t), \mathbf{r}, t \right) \cdot \mathbf{p}(\mathbf{r}) \mathrm{d}^3 r \tag{3.17}$$

detektierbar.

### 3.1.5 Matrixschreibweise quasistatischer Magnetfelder

Um die Ortskodierung in MPI auf zwei oder drei Dimensionen zu erweitern, wird hier zunächst eine geeignete Schreibweise der Magnetfelder entwickelt.

Wie bereits erwähnt, kann in der Messkammer des Scanners die Abwesenheit von Quelltermen (also Strömen) für das magnetische Feld angenommen werden. Unter dieser Annahme lassen sich Lösungen der Laplace-Gleichung (3.5), als homogene Polynome der kartesischen Koordinaten schreiben [95]. Entwickelt man ein Magnetfeld in homogene Polynome, entspricht dies einer Taylorentwicklung des Feldes, wobei jeder Summand der Taylorreihe allein ein realisierbares Feld darstellt.

Wie in 2.3.3 beschrieben, wird in der bisher beschriebenen Theorie von MPI die Kombination aus einem homogenen und einem Gradienten-Feld benötigt. Daher wird die Taylorentwicklung im Folgenden nach dem Glied erster Ordnung abgebrochen. Wie diese Felder ohne Beiträge höherer Ordnung zu realisieren sind, ist die zentrale Fragestellung von Kapitel 4. Eine Beschreibung von Magnetfeldern durch Kugelflächenfunktionen [96] wäre möglich, doch durch die Beschränkung auf konstante und lineare Felder als Funktion des Ortes, bietet sich die Verwendung der Matrixschreibweise in drei Dimensionen als intuitive Darstellung an.

Die Taylorentwicklung der magnetischen Feldstärke $\mathbf{H}$ bis zum Glied erster Ordnung lautet dann

$$\mathbf{H} = \mathbf{H}_\mathrm{A} + \mathbf{G} \cdot \mathbf{r}, \tag{3.18}$$

wobei $\mathbf{H}_\mathrm{A} \in \mathbb{R}^{3\times1}$ ein örtlich homogenes Magnetfeld und $\mathbf{G} \in \mathbb{R}^{3\times3}$ die Gradientenmatrix ist. Diese wird gemäß der Taylorentwicklung über die partiellen Ableitungen eines Magnetfeldes $\mathbf{b} \in \mathbb{R}^{3\times1}$ gewonnen:

$$\mathbf{G} = \nabla \cdot \mathbf{b}^{\mathrm{T}} = \begin{pmatrix} \partial_x b_x & \partial_x b_y & \partial_x b_z \\ \partial_y b_x & \partial_y b_y & \partial_y b_z \\ \partial_z b_x & \partial_z b_y & \partial_z b_z \end{pmatrix} \tag{3.19}$$

Hier ist ersichtlich, dass aus Gleichung (3.5)

$$\text{div}\,\mathbf{b} = \text{Spur}(\mathbf{G}) = 0 \tag{3.20}$$

wird. Dabei generiert der Operator Spur($\mathbf{G}$) die Summe der Hauptdiagonalelemente von $\mathbf{G}$.

Durch die Stromfreiheit im Scanner $\mathbf{J} = 0$ ergibt (3.4), dass die Gradientenmatrix stets symmetrisch ist. Dies lässt sich zeigen, indem die Matrix in ihren symmetrischen Anteil $\mathbf{G}^{\mathrm{s}}$ und anti-symmetrischen Anteil $\mathbf{G}^{\mathrm{a}}$ aufgeteilt wird [95]:

$$\begin{aligned} \mathbf{G} &= \mathbf{G}^{\mathrm{s}} + \mathbf{G}^{\mathrm{a}} \\ \mathbf{G}^{\mathrm{s}}_{ij} &= \frac{1}{2}\left(\mathbf{G}_{ij} + \mathbf{G}_{ji}\right) \\ \mathbf{G}^{\mathrm{a}}_{ij} &= \frac{1}{2}\left(\mathbf{G}_{ij} - \mathbf{G}_{ji}\right) \end{aligned} \tag{3.21}$$

mit $i, j \in \{1, 2, 3\}$. Offensichtlich ist $\mathbf{G}^{\mathrm{a}}_{ii} = 0$. Weiterhin enthalten alle übrigen Matrixelemente von $\mathbf{G}^{\mathrm{a}}$ Komponenten der Rotation von b, welche mit $\mathbf{J} = 0$ in (3.4) Null ergeben:

$$\mathbf{G}^{\mathrm{a}}_{i,j} = 0 \qquad \forall i, j \in 1, 2, 3 \tag{3.22}$$

Damit ist die Symmetrie von $\mathbf{G}$ äquivalent zur Rotationsfreiheit des Feldes im Scanner:

$$\textbf{rot}\,\mathrm{B} = 0 \quad \Leftrightarrow \quad \mathbf{G} = \mathbf{G}^{\mathrm{s}}. \tag{3.23}$$

Gleichungen (3.20) und (3.23) charakterisieren $\mathbf{G}$ und damit über die Matrix realisierbare Felder. Neben der trivialen Nulllösung sind die zwei einfachsten Lösungen dieser Gleichungen

$$\mathbf{G}_{\text{FFP}} = G \begin{pmatrix} 1 & 0 & 0 \\ 0 & 1 & 0 \\ 0 & 0 & -2 \end{pmatrix} \tag{3.24}$$

und

$$\mathbf{G}_{\text{FFL}} = G \begin{pmatrix} 0 & 0 & 0 \\ 0 & 1 & 0 \\ 0 & 0 & -1 \end{pmatrix}, \tag{3.25}$$

wobei $G$ die Gradientenstärke darstellt und die Reihenfolgen der Diagonalelemente entprechend den später vorgestellten Scannern gewählt wurden. Um zu garantieren, dass diese Lösungen erster Ordnung auch auf den hier realisierten Scanner anwendbar sind, wird beim Scannerdesign in Kapitel 4 eine Optimierung verfolgt, welche die Dominanz von Termen nullter und erster Ordnung fordert.

Das Gradientenfeld $\mathbf{G}_{\text{FFP}} \cdot \mathbf{r}$ ist durch einen feldfreien Punkt (FFP) und das Feld $\mathbf{G}_{\text{FFP}} \cdot \mathbf{r}$ durch eine feldfreie Linie (FFL) ausgezeichnet. Aufgrund der hier betrachteten Feldstärken ist dabei der Beitrag des Erdmagnetfelds vernachlässigbar. Das Prinzip der Bildgebung mithilfe eines FFP ist im Folgenden beschrieben, woraufhin die Bildgebung mit einer FFL davon abgegrenzt wird.

## 3.2 Feldfreier Punkt

Die MPI-Bildgebung mithilfe eines FFPs ist der naheliegende Ansatz zur mehrdimensionalen örtlichen Kodierung, da ein direkter Zusammenhang zwischen Moment der Signalgenerierung und dreidimensionaler Lokalisation des FFP besteht. Daher ist dies die in der Entwicklung von MPI zuerst verfolgte Strategie zur örtlichen Kodierung. In der Implementierung ist von Vorteil, dass in jede Dimension eine sehr ähnliche Signalkette aufgebaut werden kann. Dies ist jedoch gleichzeitig von Nachteil, da Kreuzkopplungen der ähnlichen Stromkreise über die Sendespulen die Implementierung wieder verkomplizieren.

### 3.2.1 Ideales Gradientenfeld

Das Gradientenfeld oder auch Selektionsfeld, welches durch

$$\mathbf{H}_{\mathrm{S}}^{\mathrm{FFP}} = \mathbf{G}_{\mathrm{FFP}} \cdot \mathbf{r} \tag{3.26}$$

beschrieben wird, weist bei $\mathbf{r} = 0$ einen FFP auf. Wie anhand der Gradientenmatrix (3.24) zu erkennen ist, steigt die Feldstärke vom FFP aus in alle Raumrichtungen linear an. Um (3.20) zu erfüllen, ist eine Dimension (in der gewählten Matrix in $z$-Richtung) durch eine doppelte Gradientenstärke ausgezeichnet.

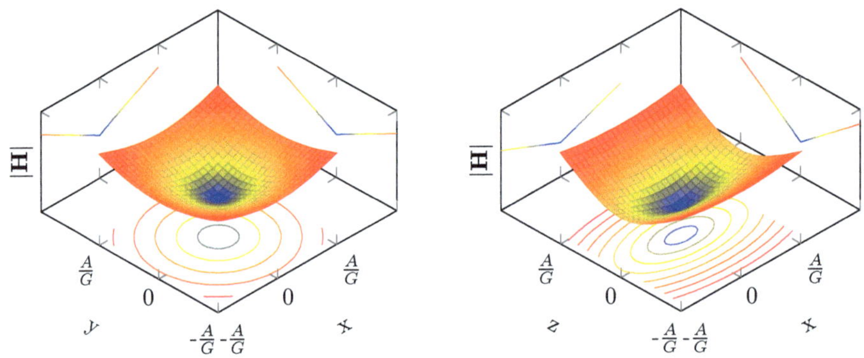


Abbildung 3.1: Ein Selektionsfeld gemäß 3.24 zeichnet einen feldfreien Punkt aus und einen linearen Betragsanstieg entlang jeder räumlichen Achse.

In Abb. 3.1 sind die Beträge der magnetischen Feldstärken für die $x$-$y$- und die $x$-$z$-Ebene, Linien gleicher magnetischer Feldstärke und die eindimensionalen Feldverläufe durch den Ursprung visualisiert. Im 3D-Plot erkennt man die Ausbildung des FFP am Ursprung. Durch die Isolinien werden die Unterschiede zwischen den Ebenen deutlich. Die eindimensionalen Feldverläufe durch die Ursprünge zeigen, dass diese Felder eine Implementierung der in Kapitel 2 geforderten Feldverläufe darstellen und somit hier mit einem eindimensional örtliche homogenen, zeitlich variierenden Anregungsfeld auch eindimensionale Bildgebung betrieben werden kann. Anhand der Gradienten in der $x$-$z$-Ebene ist zu erkennen, dass in $z$-Richtung nach (2.70) eine halb so breite PSF (Punkt-Spreiz-Funktion) verglichen mit den zwei übrigen Dimensionen zu erwarten ist.

Um mit Hilfe dieses Gradientenfeldes eine zweidimensionale Partikelverteilung beispielsweise in der $x$-$y$-Ebene rekonstruieren zu können, ist eine Anregungsfeldsequenz notwendig, welche den FFP in beide Dimensionen verschieben kann.

### 3.2.2 2D-FFP-Bildgebung

Um den durch das Gradientenfeld generierten FFP über eine zweidimensionale Fläche zu translatieren, kann ein homogenes Anregungsfeld $\mathbf{H}_{\mathrm{A}}^{\mathrm{FFP}}(t)$ überlagert werden. Der so zur Bildrekonstruktion geeignete Bereich sei als FOV bezeichnet. Für das gesamte Feld $\mathbf{H}^{\mathrm{FFP}}$ ergibt sich

$$\mathbf{H}^{\mathrm{FFP}}(\mathbf{r}, t) = \mathbf{H}_{\mathrm{A}}^{\mathrm{FFP}}(t) + \mathbf{H}_{\mathrm{S}}^{\mathrm{FFP}}(\mathbf{r}). \tag{3.27}$$

Um das zweidimensionale FOV mit gewünschter Abtastdichte zu scannen, ist die Überlagerung von zwei orthogonalen, homogenen Feldern geeignet:

$$\mathbf{H}_{\mathrm{A}}^{\mathrm{FFP}}(t) = \mathbf{H}_{x}^{\mathrm{FFP}}(t) + \mathbf{H}_{y}^{\mathrm{FFP}}(t) = \Lambda_x(t)\,\mathbf{e}_{\mathrm{x}} + \Lambda_y(t)\,\mathbf{e}_{\mathrm{y}}. \tag{3.28}$$

Dabei sind analog zum eindimensionalen Fall $\Lambda_i(t)$ und $\mathbf{e}_i$ mit $i \in x, y$ die zeitlich veränderlichen Feldstärken und Einheitsvektoren in die indizierten Richtungen. Der zeitliche Verlauf des Betrags beider Felder ist in Abb. 3.2 gezeigt.

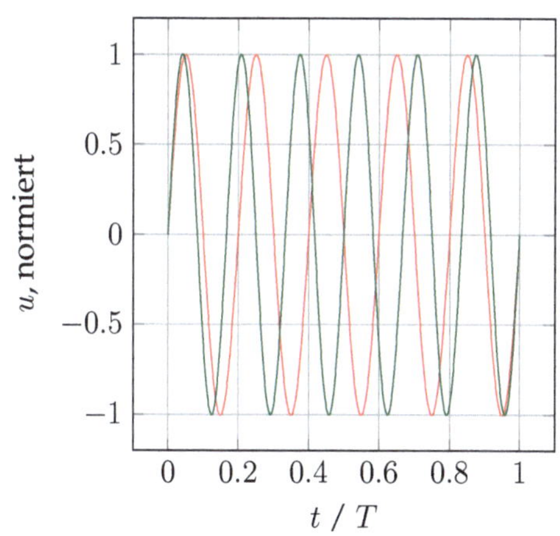


Abbildung 3.2: Durch die hier gezeigte Wahl unterschiedlicher Frequenzen pro Raumrichtung entsteht ein Abtastungsmuster, welches in Abb. 3.3 links gezeigt ist. Das gewählte Frequenzverhältnis entspricht (3.30) mit $N_{\mathrm{P}} = 5$.

#### Trajektorie

Der zeitliche Verlauf und die Amplituden der Anregungsfeldstärken definieren die Form des Messbereichs. Die Abtastung über eine Lissajous-Trajektorie hat sich für eine schnelle Bildgebung bisher als optimal erwiesen und wird hier beispielhaft für die Bildgebung mit einem FFP vorgestellt. Andere Trajektorien, wie die kartesische, die radiale oder die spirale Trajektorie werden in [97] analysiert, wobei eine Abtastung mit einer Lissajous-Trajektorie die besten Rekonstruktionsergebnisse zeigt.

Eine Lissajous-Trajektorie eines FFP ist über

$$\Lambda_i = A_i \sin(\omega_i t) \qquad i \in \{x, y\} \tag{3.29}$$

mit Feldamplituden $A_i$ und Frequenzen $f_i$ realisiert. Das Verhältnis der Frequenzen ist für ein dichtes und symmetrisches Muster über

$$f_i = \frac{N_\mathrm{P}}{N_P + 1} f_j \qquad i, j \in \{x, y\},\ i \neq j \tag{3.30}$$

gegeben, wobei $N_\mathrm{P}$ die Anzahl von zu realisierenden Perioden von $f_i$ ist. Prinzipiell wird allerdings auch jedes Muster mit einem rationalen Frequenzverhältnis als Lissajous-Figur bezeichnet. Zwei beispielhafte Muster gemäß (3.30) sind in Abbildung 3.3 gezeigt. Die Periodendauer der gesamten Trajektorie beträgt dabei $T = N_\mathrm{P}/f_j$.

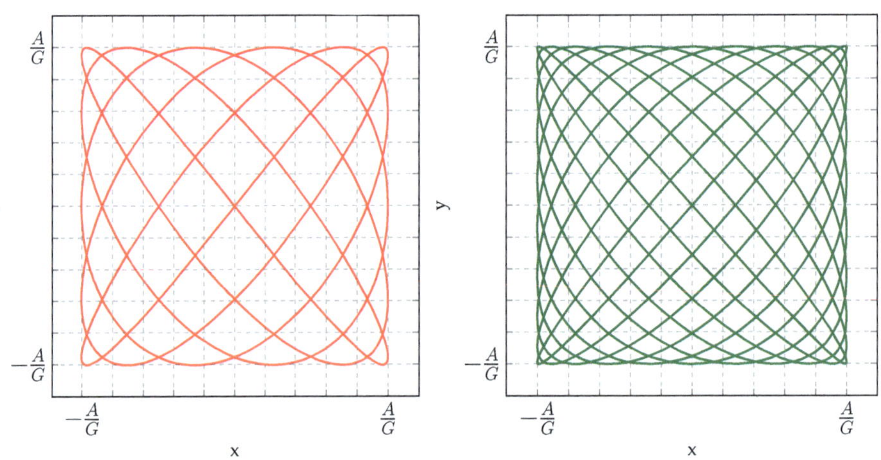


Abbildung 3.3: Durch die Wahl der Frequenzen gemäß (3.30) wird der FFP in einem Lissajous-Muster über das FOV bewegt. Eine Erhöhung der von $N_\mathrm{P}$ bedeutet dabei eine Erhöhung der Abtastdichte. Hier wurde $N_\mathrm{P} = 5$ links und $N_\mathrm{P} = 10$ rechts gewählt.

Anhand Abb. 3.3 ist zu erkennen, dass eine inhomogene Abtastungsdichte im Messbereich vorliegt. Ebenfalls variieren Geschwindigkeit und Richtung, mit welcher der FFP auf der Trajektorie verfahren wird. Damit ist die Geschwindigkeit der Partikel-Ummagnetisierung und damit die Signalamplitude ortsabhängig. Zu charakterisieren ist diese Inhomogenität über die Symmetrien der Abtastung, was in [98] untersucht wurde.

### Effektiver Messbereich

Die maximale Ausdehnung $L_i, i \in \{x, y\}$ des über die Trajektorie beschriebenen Messbereiches pro Dimension wird über den Quotienten aus Anregungsfeldamplitude und Gradientenstärke in die jeweilige Richtung bestimmt:

$$L_i = \frac{2A_i}{G_i}. \tag{3.31}$$

Dabei bezeichnet $G_i$ den zur jeweiligen räumlichen Dimension gehörigen Eintrag auf der Diagonalen von $\mathbf{G}$. Die Abmessungen der Trajektorie stimmen nicht ganz mit denen des effektiven Messbereichs überein, da auch direkt außerhalb der Trajektorie noch Feldstärken nahe Null erreicht werden. Damit findet auch dort noch eine Veränderung der Magnetisierung etwaiger, dort befindlicher Partikel statt, was zur Signalinduktion führt. Es kann also analog zum eindimensionalen Fall die Länge des effektiven Messbereiches $L_i^e$ über

$$L_i^{\mathrm{e}} = L_i + Y_{\mathrm{s}} \tag{3.32}$$

definiert werden. Dabei ist $Y_{\mathrm{s}}$ der örtliche Abstand vom FFP, in welchem nach der Langevin-Theorie in Anwesenheit eines externen Magnetfeldes $80\%$ der Partikelsättigung erreicht ist. Dieser Bereich sei im Folgenden als Niederfeldbereich bezeichnet.

Die $80\%$ sind gewählt, da innerhalb dieses Intervalls der wesentliche Beitrag zur Signalgenerierung geschieht. Abhängig vom Anregungs- und Selektionsfeld folgt

$$Y_{\mathrm{s}} = \frac{H_{\mathrm{s}}}{G}, \tag{3.33}$$

wobei $H_{\mathrm{s}}$ die Magnetfeldstärke ist, bei welcher $Y_{\mathrm{s}}$ einsetzt. $H_{\mathrm{s}}$ kann anhand der Langevin-Funktion numerisch berechnet werden.

#### Rekonstruktion

Der Goldstandard für die Rekonstruktion einer FFP-Lissajous Abtastung ist die Invertierung einer gemessenen Systemmatrix. Bei diesem diskreten Ansatz wird das FOV in $n$ Pixel aufgeteilt. Um die Systemmatrix zu generieren, wird die Systemantwort, also das bei einer vollen Trajektorie induzierte Signal $\mathbf{u}_{\mathbf{r}_i}(t)$, des Scanners bei einer an einer Pixelposition $\mathbf{r}_i$ platzierten Delta-Probe gemessen. Die Delta-Probe ist dabei eine relativ zur örtlichen Auflösung kleine Einheit des Tracers, welcher auch für die zu rekonstruierenden Messungen verwendet wird.

Bei einer zweidimensionalen Partikelanregung sind zwei Richtungskomponenten der Magnetisierungsänderung relevant. Daher werden die Änderungen in den zwei Richtungen unabhängig voneinander gemessen, was mit orthogonalen Empfangsspulenpaaren realisiert werden kann, deren Implementierung in 5.6 beschrieben ist.

So kann aus zwei eindimensionalen Signalen ein Vektor

$$\mathbf{u}_{\mathbf{r}_i} = u_x(t)\mathbf{e}_{x_i} + u_y(t)\mathbf{e}_{y_i}, \qquad i \in 1, ..., n \tag{3.34}$$

erhalten werden.

Diese Messung wird für jede diskrete Position $\mathbf{r}_i$ im FOV wiederholt und in die korrespondierende Spalte in der Systemmatrix S eingetragen. Die einzelnen Richtungskomponenten können dabei in getrennten Spalten gespeichert werden. Unter praktischen Aspekten, wie der Analysierbarkeit der gemessenen Signale oder der Komprimierbarkeit der Systemmatrix, wird diese nicht im Zeitbereich, sondern im Frequenzbereich gespeichert. Also wird das gemessene Signal in jeder Spalte Fourier-transformiert. Die resultierende Matrix wird mit Ŝ bezeichnet und hat die Struktur

$$\hat{\mathbf{S}} = \begin{pmatrix} \hat{u}_{x_1}^{1} & \cdots & \hat{u}_{x_n}^{1} & \hat{u}_{y_1}^{1} & \cdots & \hat{u}_{y_n}^{1} \\ \vdots & \ddots & \vdots & \vdots & \ddots & \vdots \\ \hat{u}_{x_1}^{N_{\text{max}}} & \cdots & \hat{u}_{x_n}^{N_{\text{max}}} & \hat{u}_{y_1}^{N_{\text{max}}} & \cdots & \hat{u}_{y_n}^{N_{\text{max}}} \end{pmatrix}. \tag{3.35}$$

Der Index der maximalen, noch vom Rauschen zu unterscheidenden Frequenz ist dabei mit $N_{\text{max}}$ bezeichnet.

In der Anwendung liegt eine beliebige Tracermaterialverteilung $c\sigma(\mathbf{r})$ im FOV vor. Diese gilt es, anhand der induzierten Signale zu rekonstruieren. In der Rekonstruktion mit einer Systemmatrix wird davon ausgegangen, dass das von einer beliebigen Partikelverteilung induzierte Signal $\mathbf{u}_{\text{ind}}$ einer Linearkombination von Signalen von Delta-Proben $\mathbf{u}_{\mathbf{r}_i}^{\text{SM}}$ an diskreten Punkten $\mathbf{r}_i$ entspricht:

$$\mathbf{u}_{\text{ind}} = \sum_i c\sigma(\mathbf{r}_i)\, \mathbf{u}_{\mathbf{r}_i}^{\text{SM}}. \tag{3.36}$$

Die entsprechende Matrixschreibweise ist

$$\hat{\mathbf{S}} \cdot \mathbf{c} = \hat{\mathbf{u}}_{\text{ind}}. \tag{3.37}$$

Nach Messung von sowohl der Systemmatrix als auch einer Messung einer beliebigen Partikelverteilung liegen die induzierten Signale $\hat{\mathbf{S}}$ und $\hat{\mathbf{u}}_{\text{ind}}$ vor. Es gilt das Gleichungssystem zu lösen. Die Lösbarkeit des Systems für eine Lissajous-Trajektorie wurde in [77] eingehend analysiert. Aufgrund von Rauschen kann das System generell singulär werden. Zur Lösung solcher Gleichungssysteme existieren diverse Verfahren, wie die Kaczmarz-Methode oder die Singulärwertzerlegung [99, 100, 101]. Die gefahrene Sequenz, also die Kombination aus Gradientenfeld und Anregungsfeld, bestimmt hierbei wesentlich, wie schlecht gestellt das inverse Problem ist.

Als Kritik an diesem Verfahren können die Gültigkeit der getroffenen Annahmen sowie die Mess- und Rekonstruktionszeit analysiert werden:

Das Verfahren geht von einem linearen Zusammenhang zwischen der Amplitude des induzierten Signals und der Partikelkonzentration aus. Dies ist daran zu erkennen, dass die Systemmatrix mit genau einer Konzentration $c^{\text{SM}}(\mathbf{r})$ einer Partikellösung gemessen wird. Daraufhin wird davon ausgegangen, dass alle in der Anwendung gemessenen Partikelkonzentrationen durch $c_i$ skaliert werden können und die in der Systemmatrixmessung generierten Singale ergeben.

Tritt allerdings magnetische Partikel-Partikel-Interaktion auf, so ist die Annahme ungültig. Bei einer erhöhten Konzentration wäre der mittlere Partikelabstand verringert und die Interaktion würde zunehmen, was zu Nicht-Linearitäten führt. Dies gilt ebenfalls für das in dieser Arbeit genutzte Rekonstruktionsschema, welches in 3.3.4 vorgestellt wird.

Ein weiterer Nachteil des Verfahrens ist, dass die Messzeit einer Systemmatrix sehr zeitaufwendig ist. Bei einer Diskretisierung des FOV in beispielsweise $256 \times 256$ Pixel und einer ungefähren Messzeit von 3 Sekunden pro Pixel ergibt sich eine Messzeit von etwa 2,3 Tagen für die gesamte Systemmatrix.

Daher wurden Rekonstruktionsverfahren vorgestellt, welche, bis auf eine Ausnahme, auf einer alternativen Systemmatrixerstellung basieren. Statt eine Systemmatrix zu messen, kann die Messung simuliert werden. Eine umfassende Simulationsumgebung wurde in [102] vorgestellt. Hier wurde wieder von Langevin-Partikeln ausgegangen und zusätzlich Spulenrauschen simuliert. Die erzielten Rekonstruktionsergebnisse entsprachen in Näherung den Ergebnissen, welche durch eine messbasierte Systemmatrix erzielt wurden. Letztlich war die erzielte Auflösung jedoch geringer. Da hierfür ein unpräzises Partikelmodell verantworlich sein könnte, wurde in [103, 104, 105, 106] Rekonstruktionsergebnisse mit einer sogenannten hybriden Systemmatrix oder Systemkalibrierungseinheit präsentiert. Dazu wird in einem speziell für die Systemmatrixakquisition erstellten MPI-Spektrometer [82] die Partikelantwort auf ein mehrdimensionales Anregungs- und Selektionsfeld gemessen [E2]. So können verschiedene Messpositionen im Scanner emuliert werden. Aus der gemessenen Partikelantwort an einigen emulierten Positionen im Scanner kann dann eine gesamte Systemmatrix konstruiert werden. In [107, 108, 109] wurde gezeigt, dass eine Abtastung der Systemmatrix im spärlich besetzten Raum ebenfalls zu guten Rekonstruktionsergebnissen führt, während die Messzeit und der genutzte Speicher stark reduziert werden.

Die Rekonstruktionszeit eines zweidimensionalen Bildes ist vom gewählten Algorithmus abhängig. In [108] konnte gezeigt werden, dass durch das Ausnutzten der Struktur einer 3D-FFP-Lissajous-Systemmatrix die Rekonstruktionszeit durch iterative Rekonstruktionsmethoden um Faktoren zwischen 50 und 500 reduziert werden können. Bisher liegen allerdings keine Echtzeitrekonstruktionen mithilfe der Systemmatrixmethode vor.

Es wird deutlich, dass für FFP-Scanner bereits ein eigener Forschungszweig existiert, welcher sich mit einer Verbesserung der Systemmatrixgenerierung und der Rekonstruktion mit dieser beschäftigt.

## 3.3 Feldfreie Linie

Zwei zentrale Herausforderungen vieler Bildgebungsmethoden sind gleichzeitig ein genügend hohes SNR und eine hohe Aufnahmegeschwindigkeit zu erreichen. Vorbildlich für die Weiterentwicklung der örtlichen Kodierung in MPI sei hier das Beispiel der MRT-Bildgebung angebracht.

Hier wurde das beschriebene Dilemma über die Frequenzkodierung im wesentlichen gelöst. Dabei ist der zentrale Gedanke, dass das Signal nicht nur in einem Punkt im Patienten generiert wird, sondern gleichzeitig auf einer Linie. So wird bei gleichem Rauschen ein wesentlich größeres Signal generiert, welches über eine Fourier-Transformation dem Ursprung nach aufgeschlüsselt werden kann. Es wird also die der Methode inherente örtliche Kodierung für eine mehrdimensionale Kodierung durch ein neues Schema ersetzt und so Sensitivität und Geschwindigkeit gewonnen.

Eine ähnliche Entwicklung kann für die MPI-Bildgebung mithilfe eines Selektionsfeldes mit einer FFL erreicht werden.

In dieser Arbeit wird die erste Implementierung eines solchen Konzeptes für die MPI-Bildgebung präsentiert. Dabei ist wieder der Grundgedanke, dass eine Dimension der örtlichen Kodierung aufgegeben und so eine Dimension für das Erhöhen der Sensitivität gewonnen wird. Eine wesentliche Veränderung der Datenakquisitionsgeschwindigkeit tritt dabei nicht auf.

### 3.3.1 Ideales Gradientenfeld

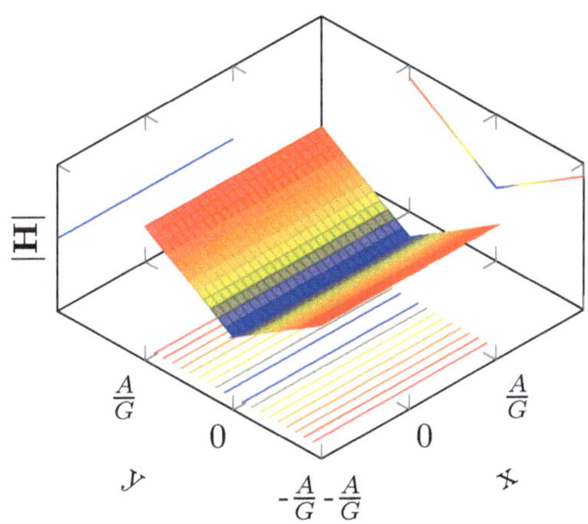


Abbildung 3.4: Ein Selektionsfeld gemäß 3.25 weist eine feldfreie Linie und einen linearen Betragsanstieg entlang zweier räumlicher Achsen auf.

Wie in Abb. 3.4 gezeigt, weist das FFL-Gradientenfeld oder -Selektionsfeld, welches durch

$$\mathbf{H}_{\mathrm{S}}^{\mathrm{FFL}} = \mathbf{G}_{\mathrm{FFL}} \cdot \mathbf{r} \tag{3.38}$$

beschrieben wird, bei $\mathbf{r} = (x, 0, 0), x \in \mathbb{R}$ eine Betrag von Null auf. Da sich dieser Bereich über eine Linie erstreckt, wird von einer FFL gesprochen. Wie anhand der Gradientenmatrix (3.25) zu erkennen ist, steigt der Betrag der Feldstärke von der FFL aus in $y$- und $z$-Richtung mit gleicher Steigung linear an. Damit liegt das Problem der dimensionsabhängigen räumlichen Auflösung aus der FFP-Bildgebung nicht vor.

### 3.3.2 2D-FFL-Bildgebung

Erstreckt sich die FFL über das gesamte zweidimensionale FOV und wird senkrecht zu ihrer Ausbreitungsrichtung translatiert, so erfährt bei ausreichender Anregungsfeldamplitude das externe Magnetfeld an jedem Ort im FOV einen Nulldurchgang innerhalb einer halben Periode der Grundfrequenz. Damit tragen alle Partikel zur Signalgenerierung pro halber Anregungsperiode bei.

Mit einer FFL wird zwar eine zweidimensionale Fläche pro halber Grundfrequenzperiode gescannt, damit aber lediglich eine eindimensionale Bildgebung betrieben. Es ist möglich, den Verlust dieser Kodierungsdimension durch die mehrfache Translation der Linie über das FOV unter verschiedenen Winkeln $\gamma_i$ zu kompensieren. Dieses Verfahren kommt der CT-Bildgebung gleich und die Daten werden im Radon-Raum aufgenommen. Diese alternative Form der räumlichen Kodierung wird im Folgenden schrittweise entwickelt, wobei zunächst eine kontinuierliche Rotation angenommen wird und dann gezeigt wird, dass das langsame Rotieren und die schnelle Translation eine Approximation für diskrete Winkel zulässt.

#### Rotation der FFL

Der Rotationswinkel des Selektionsfeldes wird mit $\gamma$ bezeichnet, wenn sich die FFL entlang der Linie $\mathbf{d}^\gamma = (\cos\gamma, \sin\gamma, 0)^\mathrm{T}$ erstreckt. Mithilfe der vorgestellten Gradientenmatrix (3.25) kann ein Gradientenfeld mit rotierter FFL im Scanner-Koordinatensystem über die Transformation in ein rotiertes Koordinatensystem, die anschließende Multiplikation mit $\mathbf{G}_\mathrm{FFL}$ und die Rücktransformation in das Scanner-Koordinatensystem berechnet werden. Das so generierte Feld ist durch

$$\mathbf{H}_\mathrm{S}^\gamma(x,y,z) = G \begin{pmatrix} \cos\gamma & -\sin\gamma & 0 \\ \sin\gamma & \cos\gamma & 0 \\ 0 & 0 & 1 \end{pmatrix} \begin{pmatrix} 0 & 0 & 0 \\ 0 & -1 & 0 \\ 0 & 0 & 1 \end{pmatrix} \begin{pmatrix} \cos\gamma & \sin\gamma & 0 \\ -\sin\gamma & \cos\gamma & 0 \\ 0 & 0 & 1 \end{pmatrix} \begin{pmatrix} x \\ y \\ z \end{pmatrix} \tag{3.39}$$

gegeben [88]. Wie ein solches Feld mittels Elektromagneten realisert werden kann, ist in 4.1 ausführlich präsentiert. Wird nur die $x$-$y$-Ebene betrachtet, so ergibt das Ausmultiplizieren

$$\mathbf{H}_{\mathrm{S}}^{\gamma}(x,y) = (x\sin\gamma - y\cos\gamma)G\mathbf{d}_{\perp}^{\gamma}, \tag{3.40}$$

wobei

$$\mathbf{d}_{\perp}^{\gamma} = \begin{pmatrix} -\sin\gamma \\ \cos\gamma \\ 0 \end{pmatrix} \tag{3.41}$$

in der $x$-$y$-Ebene orthogonal zu $\mathbf{d}^{\gamma}$ ist.

Mit dieser Definition von $\mathbf{d}^{\gamma}$ beginnt die Messung mit einer parallel zur $x$-Achse orientierten FFL, wonach diese dann im mathematisch positiven Sinne rotiert.

Die eingeführten Variablen sind in Abb. 3.5 zusammen mit den feldgenerierenden Spulen dargestellt. Die Berechnung der Felder mithilfe von Elektromagneten erfolgt in Kapitel 4.

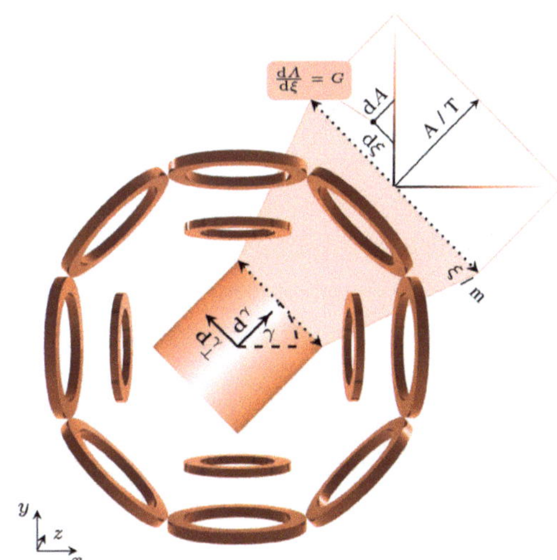


Abbildung 3.5: Gewählte Nomenklatur zur Herleitung der Generierung einer rotierbaren und translatierbaren FFL. Die Elektromagneten zeigen bereits die in Kapitel 4 gewählte Realisierungsmöglichkeit.

Um die FFL kontinuierlich zu rotieren, sei

$$\gamma = \gamma(t) = 2\pi f_{\mathrm{R}} t. \tag{3.42}$$

### Translation der FFL

Um die FFL mit der Grundfrequenz $f_{\mathrm{T}}$ über das FOV zu translatieren, ist das Anregungsfeld in der $x$-$y$-Ebene zur FFL, welche sich entlang $\mathbf{d}^{\gamma}$ erstreckt, stets orthogonal:

$$\mathbf{H}_{\mathrm{A}}^{\gamma} = A\Lambda(t)\mathbf{d}_{\perp}^{\gamma}. \tag{3.43}$$

Die Zeitabhängigkeit des Feldes wird mit $\Lambda(t)$ eingeführt und kann als

$$\Lambda(t) = \sin(2\pi f_{\mathrm{T}} t) \tag{3.44}$$

gewählt werden.

Das resultierende Feld addiert sich zu

$$\mathbf{H}^{\mathrm{FFL}}(x, y, t) = \mathbf{H}_{\mathrm{S}}^{\mathrm{FFL}}(x, y, t) + \mathbf{H}_{\mathrm{A}}^{\mathrm{FFL}}(t). \tag{3.45}$$

Die FFL überquert das FOV vollständig während einer halben Periodendauer von $\mathbf{H}_{\mathrm{A}}^{\mathrm{FFL}}(t)$.

### Effektiver Messbereich

Das durch (3.45) gegebene Feld ergibt einen zeitlichen Feldverlauf, welcher als Sequenz bezeichnet wird. Zur Visualisierung der von der FFL gefahrenen Sequenz bietet es sich an, lediglich den Verlauf des Feldvektors am Mittelpunkt des FOV zu zeichnen. Dieser in Abb. 3.6 gezeigte Graph sei wie beim FFP ebenfalls als Trajektorie bezeichnet. Die Orientierung der FFL folgt dabei $\mathbf{d}^{\gamma}$. Damit ist die FFL stets parallel zu einer mit konstanter Geschwindigkeit rotierenden Linie durch das Zentrum des FOV.

Die Wendepunkte dieser Trajektorie liegen auf einem Kreis mit Radius

$$R = \frac{A}{G}, \tag{3.46}$$

wie in (3.64) bewiesen. Wie bei der FFP-Bildgebung, stimmen die Abmessungen der Trajektorie nicht exakt mit denen des effektiven Messbereichs überein, da auch direkt außerhalb der Trajektorie noch Feldstärken nahe Null erreicht werden,

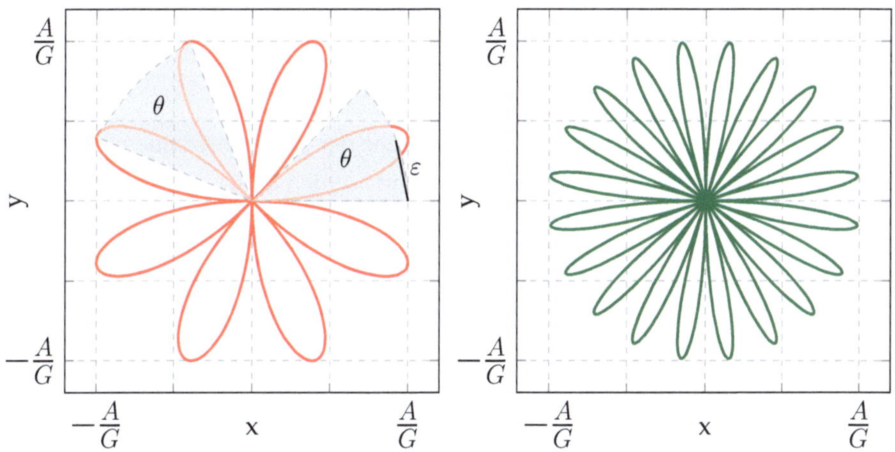


Abbildung 3.6: Die abgebildeten Trajektorien repräsentiere den Verlauf des Vektors $\mathbf{H}^{\mathrm{FFL}}(0,0,t)$ mit $f_{\mathrm{T}} = 4f_{\mathrm{R}}$ (links) und $f_{\mathrm{T}} = 10f_{\mathrm{R}}$ (rechts). Die Ausrichtung der FFL entspricht dabei stets $\mathbf{d}^{\gamma(t)}$. Dass die Datenakquisition mithilfe dieses Abtastmusters Grundlage einer vollständigen Rekonstrutkion einer beliebigen Partikelverteilung ist, wird in 3.3.2 gezeigt. Der Öffnungswinkel $\theta$ und $\varepsilon$ werden in 3.3.3 berechnet und charakterisieren die Dichte der Trajektorie.

womit der effektive Radius als

$$R^e = R + \frac{Y_{\mathrm{s}}}{2} \tag{3.47}$$

definiert werden muss.

Anhand der Trajektorie ist zu erkennen, dass das zweidimensionale FOV mit einer FFL stets homogen abgetastet wird. Auch die Richtung der Signalgenerierung ist im Gegensatz zur FFP-Bildgebung pro halber Periode der Anregungsfrequenz gleich, wenn man die im folgenden entwickelte Approximation voraussetzt.

### 3.3.3 Diskrete-Winkel-Approximation

Anhand von (3.44) und Abb. 3.6 wird klar, dass die FFL nicht mit konstantem Winkel $\gamma$ geradlinig durch das FOV translatiert wird, sondern, dass sich die Richtung der Translation stets ändert. Im Folgenden wird der Fehler berechnet, welcher auftritt, wenn bei einer Translation der FFL über das gesamte FOV eine geradlinige Bahn angenommen wird, der zeitlich veränderliche Winkel $\gamma$(t) also in diskrete Winkel $\gamma_i$ aufgeteilt wird.

Um die Periodendauer der Trajektorie zu kontrollieren, wird

$$f_{\mathrm{T}} = n\, f_{\mathrm{R}} \tag{3.48}$$

mit $n = 2m, m \in \mathbb{N}$ gewählt. Ungerade Vielfache der Rotationsfrequenz $f_{\mathrm{R}}$ würden zu einer halb so dichten Abtastung führen und werden daher nicht betrachtet. Für die Gesamtperiodendauer $T_{\mathrm{FFL}}$ der Trajektorie ergibt sich durch (3.48)

$$T_{\mathrm{FFL}} = \frac{1}{f_{\mathrm{R}}}. \tag{3.49}$$

Der in Abb. 3.6 eingezeichnete Winkel zwischen zwei Wendepunkten ist mit $\theta$ bezeichnet. Um diesen zu berechnen, kann analysiert werden, wie oft die Trajektorie während ihrer Periodendauer ihre maximale Distanz zum Ursprung erreicht. Der Einfachheit halber sei das Problem auf $A/G = 1$ normiert. Damit werden alle Zeitpunkte $0 \leq t_e < T_{\mathrm{FFL}}$ gesucht, zu denen

$$\left|\Lambda(t_e)\mathbf{d}_{\perp}^{\gamma(t_e)}\right|_2^2 = 1 \tag{3.50}$$

eintritt. Mit $\left|\mathbf{d}_{\perp}^{\gamma(t)}\right| = 1$, (3.44) und (3.48) folgt

$$\sin^2(2\pi n f_{\mathrm{R}} t_e) = 1. \tag{3.51}$$

Dies tritt $2n$ Mal in der Periodendauer der Trajektorie auf. Damit ist der Winkel zwischen zweier solcher Extrema

$$\theta = \frac{360°}{2n}. \tag{3.52}$$

Die Dichte der Trajektorie hängt also lediglich vom Frequenzverhältnis $n$ ab.

Die Öffnungswinkel der Schlaufen der Trajektorie entsprechen ebenfalls $\theta$ (siehe Abb. 3.6). Die maximale Abweichung $\varepsilon$ der Richtung der Linientranslation $\mathbf{d}_{\perp}^{\gamma}$ von einem diskreten Winkel $\gamma_j$ kann über die Sehne eines Kreissegmentes von $\theta$ abgeschätzt werden und beträgt

$$\varepsilon = \frac{A}{G} \sin\left(\frac{\theta}{2}\right). \tag{3.53}$$

Ist dieser Fehler wesentlich kleiner als die zu erwartende räumliche Auflösung, so kann für das einmalige Scannen des FOV, welches $T_{\mathrm{T}}/2$ dauert, ein konstanter

Winkel $\gamma_j$ angenommen werden. Für den in dieser Arbeit implementierten Scanner wurde $f_{\mathrm{R}} = 50\,\mathrm{Hz}$ und $n = 500$ gewählt. Die maximale Auslenkung $A/G$ beträgt $12{,}5\,\mathrm{mm}$, womit sich $\varepsilon = 39\,\mu\mathrm{m}$ ergibt. Damit ist die Approximation für diskrete Winkel anwendbar.

Der Fehler vergrößert sich bei größerem Scanradius $A/G$. Zu hohe Feldamplituden $A$ sind allerdings in der Praxis nicht umsetzbar. Mithilfe von (3.53) kann versucht werden, $n$ so klein wie möglich zu wählen, um die Periodendauer einer Trajektorie und somit die Scanzeit zu minimieren. Bei dem hier präsentierten Scanner liegt das erwartete räumliche Auflösungsvermögen im Bereich von $5\,\mathrm{mm}$. Dieser Betrag wird von $\varepsilon$ erst bei $n = 4$ erreicht.

Bei der Annahme von diskreten Winkeln wird nicht nur der Fehler der Projektionsrichtung ignoriert, sondern auch der Beitrag des zeitlich veränderlichen Selektionsfeldes zur Partikelanregung.

### 3.3.4 Signalzusammensetzung in der Ebene

Anhand der Approximation für diskrete Winkel liegt für jeden diskreten Winkel der FFL-Rotation $\gamma_j$ nach jeder halben Periode des Anregungsfeldes ein Partikelsignal $u^{\gamma_j}$ vor. Hiervon werden pro voller Rotation wegen (3.52) genau $2n$ generiert, womit $j \in [1, 2, \dots, 2n]$ gilt. Mit der Veränderung des dem Rotationswinkel um $90°$ vorauslaufenden Translationswinkels der FFL modifiziert sich die Richtung der Magnetisierungsänderungen.

Zur Detektion der Änderung der Partikelmagnetisierung werden Spulensensitivitäten verwendet, welche in (3.16) definiert wurden. Ausschlaggebend für die örtlich homogene Detektion von Partikelsignalen ist die Homogenität des Feldes in einer dedizierten Richtung $\gamma_j$ im gesamten FOV. Da die Sensitivitäten homogene Felder sind, können sie durch einen Vektor $\mathbf{p}^{\gamma_1}$ vollständig charakterisiert werden. Die Implementierung eines solchen Feldes durch Elektromagneten wird in 4.1.1 vorgestellt.

Da die Empfangsspule nicht schnell genug mit der FFL rotiert werden kann, muss der Winkel einer solchen Sensitivität fest gewählt werden. Daraus ergibt sich eine winkelabhängige Sensitivität [88] mit Betrag

$$q^{\gamma_j} = \mathbf{d}_{\perp}^{\gamma_j} \cdot \mathbf{p}_j. \tag{3.54}$$

Bei der Verwendung einer einzelnen Spulensensitivität $\mathbf{p}^{\gamma_1}$ tritt das Problem auf, dass diese während der vollständigen FFL-Rotation zweimal orthogonal zur Translationsrichtung $\mathbf{d}_{\perp}^{\gamma}$ ist, womit der Sensitivitätsbetrag $q^{\gamma_j} = 0$ beträgt. Damit müssen also in der zweidimensionalen FFL-Bildgebung stets mindestens zwei linear unabhänige Spulensensitiviäten $\mathbf{p}_1^{\gamma_j}$ und $\mathbf{p}_2^{\gamma_j}$ genutzt werden.

Aus den durch $\mathbf{p}_1^{\gamma_j}$ und $\mathbf{p}_2^{\gamma_j}$ detektierten Signalen $u_1^{\gamma_j} = q_1^{\gamma_j} u^{\gamma_j}$ und $u_2^{\gamma_j} = q_2^{\gamma_j} u^{\gamma_j}$ kann das für die Rekonstruktion notwendige Signal $u^{\gamma_j}$ zusammengesetzt werden [88]. Dieses gleicht einem Signal, welches in einer imaginären, mit $\mathbf{d}_{\perp}^{\gamma_j}$ rotierenden Spule detektiert werden würde:

$$u^{\gamma_j}(t) = \frac{u_1^{\gamma_j}(t) + \alpha^{\gamma_j} u_2^{\gamma_j}}{q_1^{\gamma_j} + \alpha^{\gamma_j} q_2^{\gamma_j}}. \tag{3.55}$$

Dabei ist $\alpha^{\gamma_j} = \operatorname{sgn}\left(q_1^{\gamma_j} q_2^{\gamma_j}\right)$. Dies kann durch Einsetzen der Teilsignale $u_1^{\gamma_j} = q_1^{\gamma_j} u^{\gamma_j}$ und $u_2^{\gamma_j} = q_2^{\gamma_j} u^{\gamma_j}$ gezeigt werden. Durch die Wahl von $\alpha^{\gamma_j}$ löschen sich die Summanden im Nenner nicht aus.

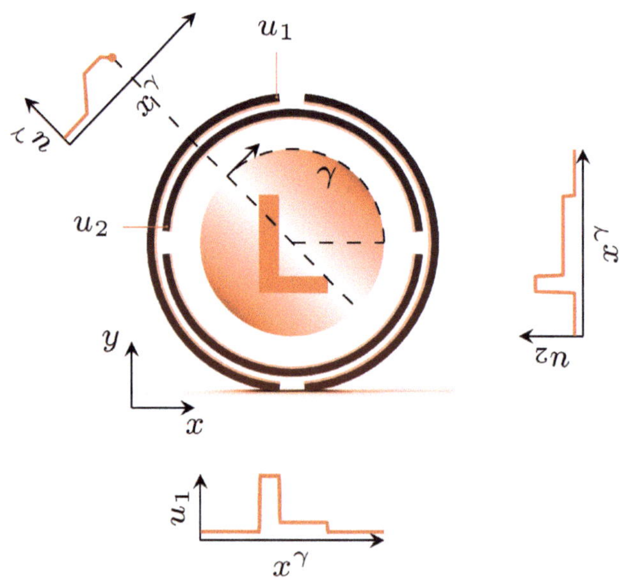


Abbildung 3.7: Prinzip der Signalzusammensetzung aus zwei orthogonalen Spulenpaaren. Das Signal $u^{\gamma}$ kann auch $u_1$ und $u_2$ über (3.55) gewonnen werden.

Dieses Prinzip ist in Abb. 3.7 an beispielhaften Signalen idealer Partikel dargestellt. Befindet sich eine L-förmige Partikelverteilung im Messbereich, so sind die Signale $u_1$ und $u_2$ direkt messbar. Mit (3.55) lässt sich dann $u^{\gamma}$ berechnen, was dem Signal in einer Spule entspricht, welche mit der FFL rotiert.

### 3.3.5 Rekonstruktion in der Ebene

Mit (3.55) kann ein eindimensionales Partikelsignal entlang der Translationsrichtung $\mathbf{d}^{\gamma_j}$ erstellt werden. Somit kann das in Kapitel 2 erstellte Modell der Nanopartikelmagnetisierung und Signalinduktion vorausgesetzt werden. Da damit die eindimensionale Rekonstruktion für ein Signal pro Winkel anwendbar ist, bleibt zu zeigen, dass aus diesen Daten die zweidimensionale Partikelverteilung $\sigma(x, y)$ rekonstruiert werden kann. Damit bleibt zu zeigen, dass die Signalgenerierung unter verschiedenen Winkeln einer sogenannten Radon-Transformation

$$\mathcal{R}(\sigma)(\gamma_j, \xi) := \int_{\mathbb{R}} \sigma(-\xi \sin \gamma_j + \eta \cos \gamma_j, \xi \cos \gamma_j + \eta \sin \gamma_j) \mathrm{d}\eta \tag{3.56}$$

entspricht (hier mit einer Phase in $\gamma_j$ von $\pi/4$ im Vergleich zu [18]). Ist dies der Fall, so ist $\sigma(x, y)$ rekonstruierbar [18].

Zur Herleitung, welche in [88, 12, 110] vorgestellt wurde, ist die Transformation in ein mit der FFL diskret rotierendes Koordinatensystem

$$\xi = -x \sin \gamma_j + y \cos \gamma_j \tag{3.57}$$

$$\eta = x \cos \gamma_j + y \sin \gamma_j \tag{3.58}$$

mit Rücktransformation

$$x = -\xi \sin \gamma_j + \eta \cos \gamma_j \tag{3.59}$$

$$y = \xi \cos \gamma_j + \eta \sin \gamma_j \tag{3.60}$$

hilfreich.

Das von den Partikeln erfahrene Feld (3.45) lässt sich zu

$$\mathbf{H}_{\gamma_j}^{\mathrm{FFL}} = (A\Lambda(t) + G(x \sin \gamma - y \cos \gamma))\, \mathbf{d}_{\perp}^{\gamma_j} \tag{3.61}$$

ausschreiben. Dies ergibt in rotierten Koordinaten

$$\mathbf{H}_{\gamma_j}^{\mathrm{FFL}}(\xi, t) = (A\Lambda(t) - G\xi)\, \mathbf{d}_{\perp}^{\gamma_j}. \tag{3.62}$$

Da das Feld entlang der FFL Null beträgt, ergibt sich

$$0 = A\Lambda(t) - G\xi \tag{3.63}$$

und damit

$$\xi = -\frac{A\Lambda(t)}{G}. \tag{3.64}$$

Auch die Magnetisierung kann in das rotierte Koordinatensystem überführt werden. Die Betrachtung sei auf die $x$-$y$-Ebene reduziert. Weiter sei angenommen, dass der Magnetisierungsvektor $\mathbf{M}(x, y, t)$ an jedem Ort in guter Näherung parallel zum externen Feld mit Richtung $\mathrm{sgn}(\mathbf{H}_{\gamma_j}^{\mathrm{FFL}}(\xi), t)\, \mathbf{d}_{\perp}^{\gamma_j}$ ist [110]. Dann gilt

$$\mathbf{M}(x, y, t) = c\, m\, \mathcal{M}\left(|\mathbf{H}_{\gamma_j}^{\mathrm{FFL}}(\xi, t)|\right)\, \mathrm{sgn}(\mathbf{H}_{\gamma_j}^{\mathrm{FFL}}(\xi, t)\, \mathbf{d}_{\perp}^{\gamma_j}. \tag{3.65}$$

Die Abhängigkeit vom Vorzeichen des externen Feldes kann weggelassen werden, wenn angenommen wird, dass $\mathcal{M}$ eine ungerade Funktion ist. Gilt $\mathcal{M} = \mathcal{M}_{\mathrm{Lan}}$, so ist dieses Kriterium erfüllt. Wird die erweiterte Langevin-Funktion genutzt, so gilt diese Annahme nur in gewisser Näherung.

Es ergibt sich

$$\mathbf{M}(\xi, t) = c\, m\, \mathcal{M}\left(\mathbf{H}_{\gamma_j}^{\mathrm{FFL}}(\xi, t)\right)\, \mathbf{d}_{\perp}^{\gamma_j}. \tag{3.66}$$

Insgesamt wird für die Magnetisierung im rotierten Koordinatensystem

$$\mathbf{M}(\xi, \eta, t) = c\, m\, \sigma\left(-\xi \sin\gamma_j + \eta\cos\gamma_j, \xi\cos\gamma_j + \eta\sin\gamma_j\right) \mathcal{M}\left(A\Lambda(t) - G\xi\right) \mathbf{d}_{\perp}^{\gamma_j} \tag{3.67}$$

erhalten.

Das unter dem Rotationswinkel $\gamma_j$ induzierte Signal kann nach dem Reziprozitätsgesetz (3.17)

$$u^{\gamma_j}(t) = -\mu_0 \int_{\Omega} \frac{\mathrm{d}}{\mathrm{d}t} \mathbf{M}\left(\mathbf{H}(\mathbf{r}, t), \mathbf{r}, t\right) \cdot \mathbf{p}\, \mathrm{d}^3 r \tag{3.68}$$

detektiert werden, wobei mit $\mathbf{p}(\mathbf{r}) = \mathbf{p}$ eine homogene Sensitivität angenommen wird. Das Einsetzen der Magnetisierung M aus (3.67) ergibt

$$u^{\gamma_j}(t) = -\mu_0\, c\, m \int_{\mathbb{R}^2} \frac{\mathrm{d}}{\mathrm{d}t} \sigma\left(-\xi \sin\gamma_j + \eta\cos\gamma_j, \xi\cos\gamma_j + \eta\sin\gamma_j\right)$$
$$\mathcal{M}\left(A\Lambda(t) - G\xi\right) \mathbf{d}_\perp^{\gamma_j} \mathbf{p} \mathrm{d}\xi \mathrm{d}\eta, \qquad (3.69)$$

welches mit $q^{\gamma_j}$ aus (3.54) zu

$$u^{\gamma_j}(t) = -\mu_0\, c\, m\, q^{\gamma_j} \int_{\mathbb{R}} \frac{\mathrm{d}}{\mathrm{d}t} \sigma\left(-\xi \sin\gamma_j + \eta\cos\gamma_j, \xi\cos\gamma_j + \eta\sin\gamma_j\right)$$
$$\mathcal{M}\left(A\Lambda(t) - G\xi\right) \mathrm{d}\xi \mathrm{d}\eta \qquad (3.70)$$

wird.

Mit der Definition der Radon-Transformation (3.56) ist zu erkennen, dass das Integrieren der Änderung der Partikelmagnetisierung entlang der FFL (also der Variablen $\eta$) einer Radon-Transformation entspricht

$$u^{\gamma_j}(t) = -\mu_0 c\, m\, q^{\gamma_j} \int_{\mathbb{R}} \frac{\mathrm{d}}{\mathrm{d}t} \mathcal{M}\left(A\Lambda(t) - G\xi\right) \mathcal{R}(\sigma)(\gamma_j, \xi) \mathrm{d}\xi. \qquad (3.71)$$

Dabei ist $\xi = \xi(t)$ nach (3.64) von der Zeit abhängig. Bei der sinusoidalen Wahl von $\Lambda(t)$ in (3.44) wird also pro Winkel $\gamma_j$ auf einem eindimensionalen, relativ zum Ort sinusoidalen, Gitter abgetastet (siehe 2.4.1).

Somit ist das in (2.62) präsentierte Signal gewonnen. Es erstreckt sich im zweidimensionalen Fall entlang der Geraden $\mathbf{d}_\perp^{\gamma_j}$ und beinhaltet statt der eindimensionalen Partikelverteilung $\rho(x)$, die Radon-Transformierte der zweidimensionalen Verteilung $\mathcal{R}(\sigma)(\gamma_j, \xi)$.

Dieses Ergebnis ermöglicht das Aufschlüsseln des gesamten induzierten Signals in Abschnitte, die eindimensionalen Projektionen der Partikelverteilungen entsprechen. Damit wurde das zweidimensionale Problem auf viele eindimensionale Probleme aufgeteilt. Dies bietet die Möglichkeit, sämtliche in Kapitel 2 entwickelten Modelle und eine eindimensionale Rekonstruktion auf die aufgeteilten Signale $u^{\gamma_j}$ anzuwenden.

Nach der Rekonstruktion der aufgeteilten Signale gemäß 2.4 liegt die Partikelkonzentrationsverteilung immer noch im örtlichen Radonraum vor. Eine inverse

Radontransformation erzeugt dann die Konzentrationsverteilung im örtlichen Koordinatensystem. Die Herleitung der Umkehr der Radontransformation ist beispielsweise in [101] gegeben. Zentral dafür ist das Fourier-Scheiben-Theorem, welches besagt, dass die eindimensionalen Fouriertransformierten der einzelnen Signale $u^{\gamma_j}$ in der Ebene zirkulär angeordnet die zweidimensional Fouriertransformierte der Partikelverteilung ergibt. Wie in [101] gezeigt, ist zur Vollendung der Rekonstruktion also eine Fouriertransformation aller Signale $u^{\gamma_j}$, deren zweidimensionales Interpolieren auf ein Gitter bei zirkulärer Anordnung und eine inverse 2D-Fouriertransformation notwendig.

Da nun gezeigt ist, dass ein vollständiger Datensatz zur Rekonstruktion gesammelt wird, sei erwähnt, dass die Rekonstruktion über eine Systemmatrix ebenfalls möglich ist [E3]. Aufgrund der Geschwindigkeit des hier vorgestellten Algorithmus kann von der rechenintensiven Invertierung der Systemmatrix allerdings abgesehen werden, was zur bisher nicht verwirklichten Echtzeitrekonstruktion führt (siehe 6.4).

### 3.3.6 Simulation der Bildgebung

Um die Auswirkungen der verschiedenen Partikelmodelle auf die rekonstruierten Bilder darzustellen und die Bildgebungsergebnisse mit den geplanten Scannerparametern vorauszusagen, kann der Bildgebungsprozess simuliert werden.

Die FFL-Bildgebung mit idealen Feldern wurden numerisch über eine Diskretisierung des FOV und der Zeit in MATLAB® simuliert. Dem in Kapitel 4 beschriebenen Scanner entsprechend wurden die Parameter ausgewählt. Das FOV wurde anhand eines quadratischen, äquidistanten Gitters mit einer Gitterkonstanten in $x$- und $y$-Richtungen von $0{,}125\,\mathrm{mm}$ repräsentiert. Als Anregungsfrequenz wurde $f_\mathrm{T} = 25\,\mathrm{kHz}$ ausgewählt. Als Rotationsfrequenz wurde abweichend vom geplanten Hardwareaufbau $f_\mathrm{R} = 250\,\mathrm{Hz}$ angenommen, um den Rechenaufwand durch eine zu hohe Diskretisierung der Winkel gemäß (3.52) gering zu halten. Da die FFL das FOV innerhalb einer halben Periodenlänge der Anregungsfunktion scannt, gibt diese die Zeitlänge des Signals pro diskretisiertem Winkel vor und beträgt $T_\mathrm{T}/2 = 20\,\mathrm{\mu s}$. Innerhalb jeder solchen halben Periode wurde dieses Signal auf $574$ Punkten auf dem zeitlich äquidistanten Gitter berechnet. Weiterhin gemäß dem geplanten Scanneraufbau wurde der Gradient auf $G = 1\,\mathrm{T\,m^{-1}\,\mu_0^{-1}}$ und die Anregungsfeldamplitude $A = 12{,}5\,\mathrm{mT\,\mu_0^{-1}}$ festgelegt.

Das Gesamtfeld wurde anhand von (3.62) berechnet und die Magnetisierung durch (3.67) erhalten. Auf der Empfangsseite wurde von einer homogenen Spulensensitivität einer Spule ausgegangen, welche mit der Translationsrichtung der FFL mit rotiert. Dieses theoretische Konstrukt kann wie in (3.54) gegeben in Realität durch zwei orthogonale, statische Sensitivitäten erhalten werden.

Weiterhin wurden Signalbeeinträchtigungen durch die Hardware, wie die Grundfrequenzdämpfung auf der Empfangsseite oder Rauschen außer acht gelassen. Als mögliche dominante Rauschquellen kommen das Patientenrauschen und das thermische Rauschen von Hardwarekomponenten des Empfangspfades in Frage [19, 102]. Die Simulation stellt somit einen idealisierten Fall dar, welcher die besten zu erzielenden Resultate hinsichtlich der rekonstruierten Bilder im angegebenen Modell vorhersagt. Um auch ohne numerische Simulationen Scannerparameter mit in die Vorhersage der räumlichen Auflösung einzubeziehen, wurde in [111] die MTF (Modulationsübertragungsfunktion, Modulation Transfer Function) eines MPI-Scanners betrachtet.

Durch das so berechnete Partikelsignal kann die initial verwendete räumliche Partikelverteilung über die in 3.3.5 gegebenen Schritte abhängig vom verwendeten Magnetisierungsmodell rekonstruiert werden. Es ist argumentierbar, dass eine Entfaltung zu vermeiden ist, da die beschriebenen Entfaltungsschritte eine Verminderung des SNR des rekonstruierten Bildes zur Folge haben. Dieses Thema wird genauer in 2.4.4 diskutiert. Um den Effekt der unterschiedlichen Magnetisierungsmodelle auf die rekonstruierten Bilder zu zeigen, wenn keine Entfaltung angewandt wird, wurde in der Simulation auf eine Entfaltung verzichtet.

Durch die Geschwindigkeitsnormalisierung als Entfaltungsschritt entstehen wie in 2.4.1 beschrieben Artefakte bei Positionen, an denen die FFL-Geschwindigkeit Null beträgt. In der Simulation treten diese Artefakte nicht auf. Die betroffenen Bereiche werden dennoch wie in der Anwendung des Rekonstruktionsskriptes auf Messdaten ausgeblendet. Es werden in den rekonstruierten Bildern lediglich die Bilddaten innerhalb eines Abstandes vom Zentrum von $0{,}95A/G$ gezeigt, da die Artefakte in den äußeren $5\ \%$ des FOV auftreten.

In Abb. 3.8 ist das induzierte Signal und die Rekonstruktion der angegebenen Partikelverteilung schrittweise dargestellt. Als Magnetisierungsmodell wurden ideale Partikel gemäß 2.4.3 als Magnetisierungsfunktion im externen Magnetfeld, also eine Sprungfunktion angenommen.

Es ist zu erkennen, dass die Partikelverteilung beinahe perfekt rekonstruiert werden kann. Lediglich Streifenartefakte durch die fehlende Glattheit der Partikelverteilung und die Anzahl der gewählten diskreten Winkel treten auf. Diese Artefakte sind bekannt aus der Computertomographie, wo Metallimplantate derartige Artefakte in den rekonstruierten Bildern erzeugen. Sie können mit angepassten

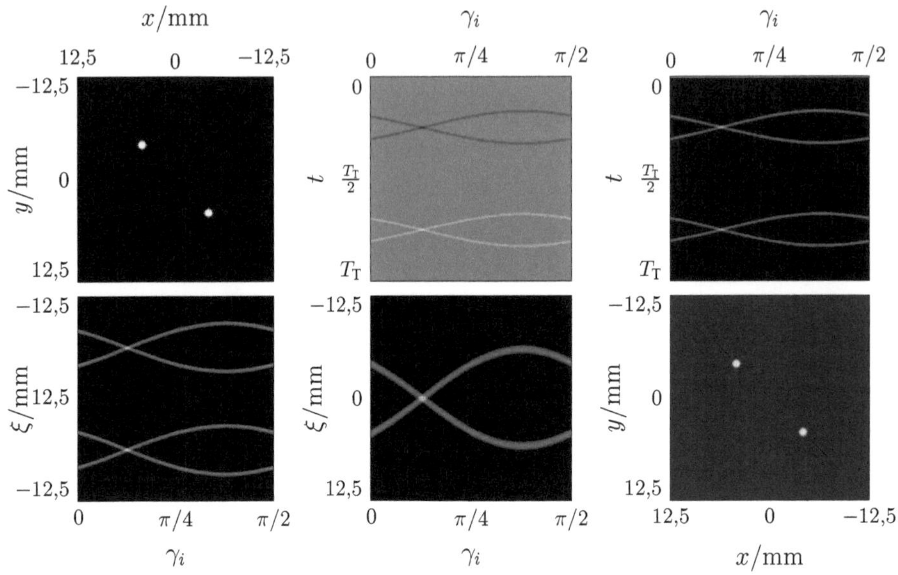


Abbildung 3.8: Bildgebung mittels idealer Partikel. Zeilenweise: Partikelverteilung; induziertes Signal auf diskrete Winkel aufgeteilt; Geschwindigkeitsnormalisierung; Regridding; Betrachtung der halben Periode; inverse Radontransformierte.

Rekonstruktionsalgorithmen reduziert werden, wie in [112] initial vorgeschlagen und in [113, 114, 115, 116] weiterentwickelt [117]. Eine Analyse von Artefakten durch inhomogene Felder findet sich in [E4, E5].

Die mithilfe von Langevin-Partikel rekonstruierten Bilder und Rekonstruktionsschritte sind in Abb. 3.9 dargestellt. Es ist zu erkennen, dass die Verteilung der Nanopartikel mit einer verminderten räumlichen Auflösung gelingt. Werden relaxierende Langevin-Partikel gemäß 2.2.4 vorausgesetzt, so ist, wie in Abb. 3.10 zu erkennen, keine Rekonstruktion durch den gegebenen Algorithmus möglich. Wie in 6.3 präsentiert, ist es jedoch auch an gemessenen Daten möglich, diesen Effekt durch Entfaltung herauszurechnen und Bilder gemäß Abb. 3.9 zu generieren.

## 3.4 FFL und FFP im Vergleich

Der Vergleich der Bildgebungen mittels FFL und FFP setzt die Diskussion der Realisierbarkeit der jeweiligen Scanner voraus. Da die Realisierung der Felder über Elektromagneten hier noch nicht präsentiert wurde, sei dieser Vergleich hier kurz gefasst. Bei getrennten Anregungs- und Selektionsfeldspulen beinhaltet die Realisierung eines 2-D-FFP-Feldgenerators vier Dipole, die eines 2-D-FFL-

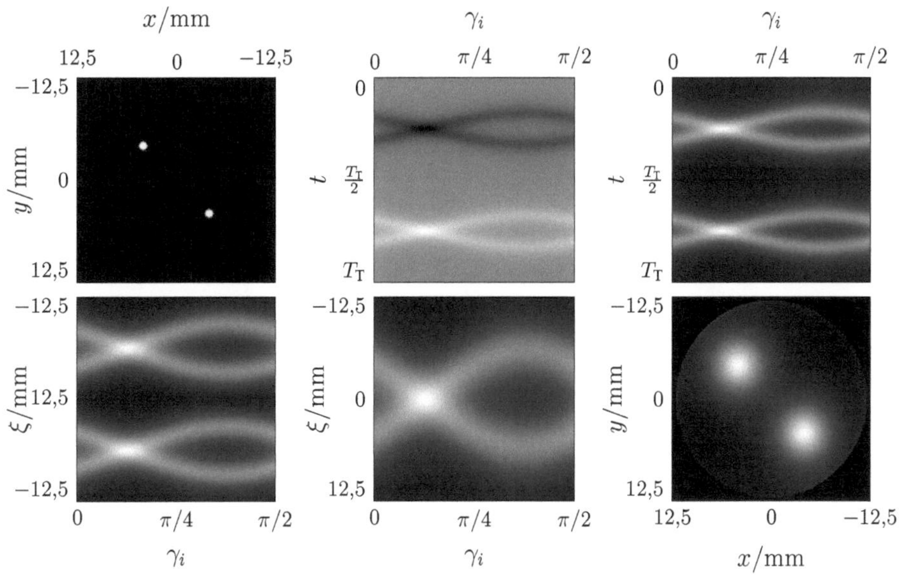


Abbildung 3.9: Bildgebung mittels Langevin-Partikel. Zeilenweise: Partikelverteilung; induziertes Signal auf diskrete Winkel aufgeteilt; Geschwindigkeitsnormalisierung; Regridding; Betrachtung der halben Periode; inverse Radontransformierte

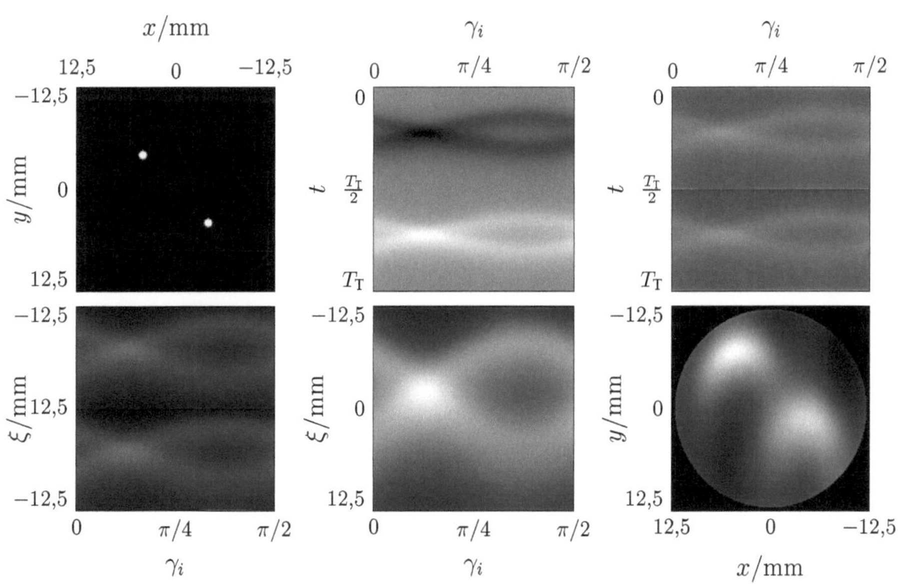


Abbildung 3.10: Bildgebung mittels relaxierender Langevin-Partikel. Zeilenweise: Partikelverteilung; induziertes Signal auf diskrete Winkel aufgeteilt; Geschwindigkeitsnormalisierung; Regridding; Betrachtung der halben Periode; inverse Radontransformierte

Scanners zwei Dipole und zwei Quadrupole. Der Realisierungsaufwand eines Quadrupols entspricht grob ausgedrückt dem aufwand zweier Dipole, womit ein FFL-Scanner also mit einem erhöhten Materialverbrauch und mehr Verlustleistung einhergeht. Wird angenommen, dass alle Elektromagneten identisch sind, so beträgt der Faktor zwischen den Verlustleistungen etwa

$$P_{\mathrm{FFL}} = 1{,}33\ P_{\mathrm{FFP}} \tag{3.72}$$

bei vergleichbarer Gradientenstärke und Anregungsfeldamplitude.

Diese stark vereinfachte Erklärung beinhaltet keine weiteren praktischen Erfordernisse, wie die Unterbringung der Elektromagneten, deren Form und Kopplung und Wirbelströme in etwaigen Schirmungen [118, 119].

Es ist jedoch argumentierbar, dass der Vergleich von Scannerdesigns schwierig ist, da bisher keine optimale MPI-Bildgebung definiert ist. Ein optimiertes ausnutzen von Partikeldynamiken, Abtastdichten und weiterer Parameter im Sinne eines möglichst hohen SNR und einer hohen räumlichen Auflösung bei minimierter Verlustleistung im Scanner ist Gegenstand aktueller Forschung. Daher ist es schwierig, generelle Vergleiche von Scanner-Realisierungen anzustellen.

Nimmt man ideale Felder an und vernachlässigt den beschriebenen Unterschied im Realisierungsaufwand, so lassen sich die zwei beschriebenen Ansätze der räumlichen Kodierung vergleichen. Hier werden die erreichten Amplituden der induzierten Signale bei gleichen Gradienten, die Abtastdichten des FOV und die Partikeldynamiken abweichend vom Modell der Langevin-Partikel betrachtet.

### 3.4.1 Vergleich der Signalamplituden im Langevin-Modell

Die Signalamplitude hängt zuallererst von der Anzahl der Partikel ab, welche pro halber Anregungsperiode $T_{\mathrm{T}}/2$ vom Niederfeldbereich passiert werden. Wie in Abb. 3.11 erkennbar, erstreckt sich dieser Bereich bei der FFP-Bildgebung über einen kleinen Ausschnitt des FOV, wobei bei der FFL-Kodierung alle Partikel in der Ebene betroffen sind.

Dieses Nutzen aller Partikel in einer Ebene ist der wesentliche Vorteil der FFL-Methode gegenüber der FFP-Methode bei gleichem Gradienten. Bei beiden Verfahren können identische Empfangsspulen genutzt werden. Auch die analoge Signalverarbeitung in den Empfangspfaden unterscheidet sich nicht wesentlich. Daher liegt bei beiden Techniken ein vergleichbares Rauschleistungsspektrum

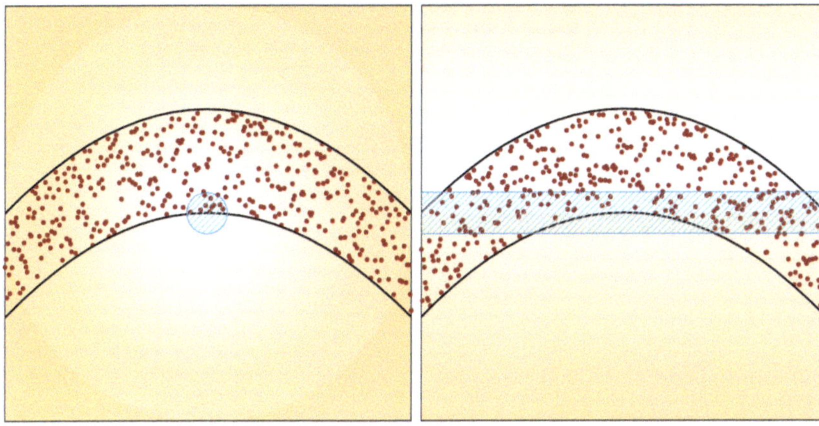

Abbildung 3.11: Bildgebungsebene mit magnetischen Nanopartikeln in einem Gefäß zu einem festen Zeitpunkt während der FFP- bzw. FFL-Bildgebung (gleicher Gradient). Die Farbkodierung der Hintergründe repräsentieren die magnetischen Feldstärke und die schraffierten Flächen kennzeichnen die Niederfeldbereiche. Die Partikel in den Niederfeldbereichen tragen den Großteil der induzierten Signale bei.

vor, womit das SNR in der FFL-Bildgebung also generell größer ist als in der FFP-Bildgebung. Liegt allerdings eine Partikelverteilung vor, welche in ihrer Ausdehnung kleiner ist, als der Niederfeldbereich des FFP, so unterscheiden sich die Signalstärken nicht von einander. Daher gilt für die hier behandelten Scannergrößen die Beziehung

$$\mathrm{SNR_{FFL}} \geq \mathrm{SNR_{FFP}} \tag{3.73}$$

Das Verhältnis der Niederfeldbereiche von $F_{\mathrm{FFL}}$ und $F_{\mathrm{FFP}}$ in der Bildgebungsebene kann als Näherung für das Sensitivitätsverhältnis genutzt werden. Es gilt

$$F_{\mathrm{FFL}} = 4Y_{\mathrm{s}}\frac{A}{G} = 4H_{\mathrm{s}}\frac{A}{G^2}. \tag{3.74}$$

Dabei wurde die Definition von $Y_{\mathrm{s}}$ aus (3.33) genutzt. Abhängig vom Partikelkerndurchmesser $d_{\mathrm{c}}$ wird die Feldstärke $H_{\mathrm{s}}$, bei der eine 80-prozentige Sättigung der Langevin-Kurve auftritt, bei unterschiedlichen Feldstärken erreicht. Ausgehend von $d_{\mathrm{c}} = 30\,\mathrm{nm}$ ergibt sich numerisch $H_{\mathrm{s}} = 3{,}0\,\mathrm{mT}$.

Analog gilt für den FFP

$$F_{\mathrm{FFP}} = Y_{\mathrm{s}}^2\pi = \frac{H_{\mathrm{s}}^2\pi}{G^2}. \tag{3.75}$$

Das Verhältnis von (3.74) und (3.75) ergibt

$$\frac{F_{\mathrm{FFL}}}{F_{\mathrm{FFP}}} = \frac{4A}{\pi H_{\mathrm{s}}}. \tag{3.76}$$

Setzt man Größenverhältnis und Sensitivitätsverhältnis gleich, so ergibt sich

$$\mathrm{SNR}_{\mathrm{FFL}} = \frac{4A}{H_{\mathrm{s}}\pi}\mathrm{SNR}_{\mathrm{FFP}} \tag{3.77}$$

Da bei einem Scan stets $A \gg H_{\mathrm{s}}$ gelten muss, liegt eine Sensitivitätssteigerung durch das Nutzen einer FFL vor.

Mit einem Gradienten von $G = 2{,}5\,\mathrm{T\,m^{-1}}\mu_0^{-1}$ und ein FOV mit einer Kantenlänge von $20\,\mathrm{mm}$ ergibt sich eine Anregungsfeldamplitude von $A = 25\,\mathrm{mT}\mu_0^{-1}$. Für Partikel mit einem Durchmesser von $d = 30\,\mathrm{nm}$ ergibt die Gleichung (3.77) einen Sensitivitätsgewinn durch das FFL-Verfahren von $10{,}6$. Dieser Faktor wird in der Simulationsstudie [3] bei einer hohen Konzentration von Partikeln beobachtet, jedoch nicht erklärt. Die zuletzt gewählten Parameter sowie der Gebrauch der Langevin-Theorie entsprechen dem Vorgehen in dieser Studie.

Die hergeleiteten Beziehungen gelten allerdings nur unter der Annahme von rein superparamagnetischen Partikeln und von einer relativ zu diesen Bereichen weit ausgedehnten Partikelverteilung, sodass der gesamte Niederfeldbereich der FFL auch genutzt wird. Ebenfalls wird davon ausgegangen, dass sich das Scannerdesign nicht wesentlich voneinander unterscheiden, damit das Rauschen konstant bleibt und ein quadratisches FOV vorliegt. Für die bisher implementierten Scanner sind dies jedoch, bis auf die Annahme von reinem Superparamagnetismus, valide Annahmen.

Dieses Konzept ist einfach auf eine dreidimensionale Bildgebung übertragbar. Das zylinderförmige Niederfeldvolumen einer FFL berechnet sich zu

$$V_{\mathrm{FFL}} = \frac{2\pi H_{\mathrm{s}}^2 A}{G^3}. \tag{3.78}$$

Das Niederfeldvolumen eines FFP hat durch (3.24) die Form eines gestreckten Rotationsellipsoiden, dessen Volumen

$$V_{\mathrm{FFP}} = \frac{2\pi H_{\mathrm{s}}^3}{3G^3} \tag{3.79}$$

beträgt. Für dreidimensionale Bildgebung ergibt sich für die Sensitivitätsverhältnisse

$$\mathrm{SNR}^{\mathrm{3D}}_{\mathrm{FFL}} = \frac{3A}{H_\mathrm{s}}\mathrm{SNR}^{\mathrm{3D}}_{\mathrm{FFP}}. \tag{3.80}$$

### 3.4.2 Vergleich der Abtastdichten

Bei der FFP-Bildgebung wurde in 3.2.2 dargelegt, dass unabhängig von der Feinheit des Lissajous-Musters gemäß (3.30) eine komplexe, inhomogene Abtastdichte im FOV vorliegt.

Anhand der FFL-Trajektorie, welche in 3.3.1 gegeben wurde, ist zu erkennen, dass das zweidimensionale FOV mit einer FFL stets homogen - da vollständig - pro halber Anregungsfeldperiode abgetastet wird. Auch die Richtung der Signalgenerierung ist im Gegensatz zur FFP-Bildgebung pro halber Periode der Anregungsfrequenz gleich, wenn die Diskrete-Winkel-Approximation aus 3.3.3 vorausgesetzt wird.

Innerhalb einer halben Rotationsperiode wird das FOV allerdings von zentral nach lateral überabgetastet. Da es sich hierbei um ein geometrisches Problem handelt, kann diese Überabtastung herausgefiltert werden, wie es die gefilterte Rückprojektion vorsieht [101].

### 3.4.3 Vergleich der Signalinduktion durch Partikelrotation

Zur Vereinfachung blieb bisher unerwähnt, dass in der mehrdimensionalen Bildgebung nicht nur das Verhalten der Partikel im Niederfeldbereich ein Signal erzeugt. Auch die Rotation von praktisch vollständig gesättigt magnetisierten Partikeln stellt eine Änderung der Magnetisierung dar. Um dies zu verdeutlichen, können ideale Partikel gemäß (2.21) angenommen werden, welche im ersten Fall mit einer 2D-FFP-Trajektorie und im zweiten Fall mit einer 2D-FFL-Trajektorie angeregt werden.

Passiert der FFP im ersten Fall das FOV von oben rechts nach unten links, so wird sich bei vollständig gesättigte Partikeln unten rechts im FOV die Amplitude ihrer Magnetisierung nicht ändern. Somit ist der Gebrauch von idealen Partikeln hier gerechtfertigt. Dennoch werden die Magnetisierungsvektoren ihre Richtung ändern, wodurch sich die Richtungskomponenten des Magnetisierungsvektors ändern, womit in den Empfangsspulen ein Signal erzeugt wird. Im Folgenden ist dargelegt, dass dies insofern ein Problem darstellt, als dass es schwieriger wird, eine genaue Zuordnung zwischen dem Zeitpunkt des Signals und der Position der signalgenerierenden Partikel herzustellen.

Passiert eine FFL im zweiten Fall das FOV, so liegt in der Ebene lediglich eine diskrete Richtungsänderungen entlang der Translationsrichtung vor.

Quantitativ wurde dieses Problem bisher kaum betrachtet. Hier sei daher lediglich angemerkt, dass die Ableitung der Magnetisierung nach dem externen Feld in sämtlichen signalbeschreibenden Gleichungen als Faltungskern vorkommt. Wird dabei angenommen, dass sämtliche Relaxationszeiten kurz im Vergleich zur Messzeit sind, so lässt sich ein dreidimensionaler Magnetisierungsvektor über

$$\mathrm{M}\left(\mathbf{H}(\mathbf{r},t)\right) = \sigma(\mathbf{r})\, c\, m\, \underbrace{\frac{\mathbf{H}(\mathbf{r},t)}{|\mathbf{H}(\mathbf{r},t)|}}_{S}\, \underbrace{\mathcal{M}(|\mathbf{H}(\mathbf{r},t)|)}_{Q} \tag{3.81}$$

ausdrücken. Zentral ist hierbei, dass $\mathcal{M}$ ein Skalar darstellt. Die totale Ableitung dieses Terms nach der Zeit würde unter Gebrauch der Produktregel zwei Terme

$$\frac{\mathrm{dM}}{\mathrm{d}t} = \sigma(\mathbf{r})\, c\, m \left(\frac{\mathrm{d}S}{\mathrm{d}t}Q + \frac{\mathrm{d}Q}{\mathrm{d}t}S\right) \tag{3.82}$$

ergeben. Hiervon wird typischerweise nur der zweite betrachtet. Die Amplitude des ersten Terms stellt allerdings ebenfalls einen nicht zu vernachlässigenden Beitrag zum Gesamtsignal dar [120]. Dieser Effekt sei hier Rotationsinduktion genannt.

Erstmalig erwähnt aber in ihren Implikationen nicht weiter betrachtet wurde die Rotationsinduktion in [77]. Ebenfalls betrachtet wurde dies in [121] und in [120] wurde erstmals gezeigt, dass dieser Effekt reduzierbar ist, jedoch ohne die Methodik aufzuzeigen.

Praktisch sind die Sensitivitätsfelder der Empfangsspulen und die dreidimensionale Partikelverteilung relevant. Bisher wurde angenommen, dass diese sich auf ein zweidimensionales FOV beschränken. Ist diese Vereinfachung nicht zutreffend, so wird ebenfalls bei der FFL-Bildgebung ein Signal durch Partikel außerhalb der vom FOV aufgespannten Ebene generiert. Dies ist natürlich ebenfalls bei der FFP-Bildgebung der Fall.

Insgesamt wird also ein unerwünschter Beitrag zum Signal durch Rotationsinduktion von Partikeln aus zwei Dimensionen bei der FFP-Bildgebung und aus einer Dimension bei der FFL-Bildgebung generiert.

### 3.4.4 Vergleich der Partikeldynamiken

Bisher wurde für die mehrdimensionale Signalinduktion angenommen, dass die Partikel sich stets instantan parallel zur Richtung des externen Magnetfeldes ausrichten. Diese Näherung stellt eine nützliche Grundlage der generellen Analyse des Bildgebungsprozesses dar. Da bei typischerweise genutzten Ferrofluiden für die MPI-Bildgebung jedoch ein nicht perfektes superparamagnetisches Verhalten beobachtet wurde, ist das Einbeziehen von Relaxationsprozessen in die Betrachtung der mehrdimensionalen Signalinduktion sinnvoll.

Hierzu wurde in [E6] eine Simulation des mikromagnetischen Verhaltens von uniaxialen Ein-Domänen-Partikeln unter Einfluss von FFP- und FFL-Sequenzen durchgeführt. Die Simulation wurde zuvor in [E7] vorgestellt. In [E6] wurde die Betrachtung auf eine zwei-dimensionale Bildgebung fokussiert. Es konnte gezeigt werden, dass die stetige schnelle Rotation eines jeden Feldvektors bei einer für die FFP-Bildgebung typischen Lissajous-Sequenz eine große Varianz an Phasen zwischen Magnetisierungsvektoren und Feldvektoren bewirkt. Dieses Fehlen der Fokussierung magnetischer Momente beeinflusst das Magnetisierungsverhalten und ist zudem stark abhängig von der betrachteten Position im FOV. Dies führt zu einer inhomogenen Signalinduktion durch Partikel im gesamten FOV. Es wurden beispielhaft die induzierten Signale an einer Position im Scanner zu zwei unterschiedlichen Zeitpunkten des Nulldurchganges des Feldvektors betrachtet. Modelliert man diese Signale mit Langevin-Partikeln, so ergibt sich kein Unterschied in ihrer Amplitude. In dem mikromagnetischen Modell zeigte sich eine Abweichung zwischen diesen Signalen von bis zu $28\ \%$.

Bei der analysierten FFL-Sequenz dagegen zeigte sich lediglich eine maximale Abweichung von $6\ \%$. Dies ist auf die geringe Rotationsgeschwindigkeit eines jeden Feldvektors zurückzuführen.

## 3.5 Schlussfolgerung

Zusammenfassend ergibt der Vergleich der FFL- mit der FFP-Bildgebung folgende Unterschiede:

- **Verlustleistung:** Durch das Verwenden von Quadrupolen anstelle von Dipolen ist die Verlustleistung in FFL-Scannern in grober Näherung um den Faktor 1,3 höher.
- **Sensitivität:** Durch die Form des Selektionsfeldes wird in der zweidimensio-

nalen Bildgebung eine Sensitivitätssteigerung von $4A/H_s\pi$ erreicht, was in einem zur Zeit typischen Aufbau zu einem potentiellen Faktor von 10 führt.

- **Abtastdichte:** Ohne die lokale Dichte der Abtastung zu untersuchen kann ausgesagt werden, dass pro halber Anregungsfeldperiode bei der FFP-Bildgebung eine inhomogene und bei der FFL-Bildgebung eine approximativ homogene Abtastdichte des FOV vorliegt.
- **Rotationsinduktion:** Der in der bisherigen MPI-Bildgebung als störend betrachtete Beitrag zur Induktion von Signalen durch reine Rotation der Magnetisierungsvektoren stammt bei einer FFP-Sequenz aus zwei Dimensionen und bei der FFL-Bildgebung aus nur einer Dimension.
- **Partikeldynamik:** Im mikromagnetischen Modell in [E6] zeigt sich eine Abweichung zweier im Langevin-Modell als gleich betrachteten Signalamplituden von 28 % für eine FFP-Sequenz und von 6 % für eine FFL-Sequenz. Damit hängt das Signal bei der FFL-Bildgebung weniger stark von Partikeldynamiken ab.

Ein FFL-Scanner bietet somit viele und entscheidende Vorteile gegenüber den bisher typischerweise realisierten FFP-Scannern. Ein zentraler Vorteil von MPI gegenüber anderen Bildgebungsverfahren ist die Geschwindigkeit der Datenakquisition. Die zwei bisher implementierten FFL-Scanner aus [10, 11] geben diesen Vorteil auf, da statische Linien generiert werden und die zu scannenden Objekte im FOV mechanisch, langsam rotiert werden. Dass Echtzeit-Datenakquisition mittels FFL-MPI möglich ist, wird mit dem hier präsentierten Scanner bewiesen.

Darüber hinaus können durch den in 3.3.2 gegebenen Rekonstruktionsalgorithmus aus den Echtzeitdaten ebenfalls in Echtzeit Bilder der Partikelverteilung rekonstruiert werden. Dies ist bisher mittels MPI nicht gelungen, wenn auch in [108] gezeigt wird, dass dies für FFP-Bildgebung möglich ist. Damit übertrifft die aktuelle Entwicklung der Bildgebung mittels FFL die FFP-Bildgebung in Sensitivität und Rekonstruktionsgeschwindigkeit.

Das erreichen dieser Vorteile motivierten im wesentlichen die Konstruktion des in dieser Arbeit präsentierten 2D-FFL-MPI-Scanners.

# 4 Scannerdesign



Die Realisierung eines energieeffizienten Scanners mit einem niedrigen SNR ist neben der Frage nach optimierten Partikeln das zentrale Problem in der aktuellen Forschung im Bereich MPI. Für das Design eines MPI-Scanners werden initial die Anforderungen an die Bildgebung definiert. Die zentralen Kriterien sind hierbei die räumliche und die zeitliche Auflösung der Aufnahmen, die Größe und Dimensionalität des FOV, die Sensitivität der Bildgebung und die Flexibilität des Aufbaus.

Daraufhin kann entschieden werden, welche Art der räumlichen Kodierung implementiert werden soll. Alle bisher vorgestellen Scannerkonzepte können anhand der Kodierung in die Kategorien FFP-Scanner oder FFL-Scanner eingeteilt werden.

Es sei angemerkt, dass dies die naheliegenden Kodierungsmechanismen sind und dass die Frage nach einer optimalen Kodierung ungeklärt ist.

MPI bietet viele Vorteile gegenüber anderen kontrastmittelbasierten Bildgebungsmodalitäten. Zentral dabei sind die Geschwindigkeit der Aufnahme und die hohe Sensitivität des Verfahrens [122]. Die technischen Realisierungen der Scanner führen jedoch bisher zu einer Abwägung zwischen Geschwindigkeit und Sensitivität. FFL-Scanner sind generell sensitiver als FFP-Scanner [3], wurden bisher jedoch nur mit minutenlangen Aufnahmezeiten realisiert [10, 11].

In diesem Kapitel werden die Möglichkeiten der Realisierung einer rotierbaren und translatierbaren FFL aufgezeigt. Um Parameter für die Realisierung auszuwählen, wird die gesamte Bestromung, Wärmeentwicklung und analoge Signalfilterung der Aufbauten geplant. Dies ist notwendig, da jedes Element des Aufbaus wesentliche Auswirkungen auf die anderen Komponenten hat. Ein einfaches Beispiel stellt die Gradientenstärke der FFL dar, welche durch die Stromdichte in den geplanten Spulen bestimmt wird. Die Stromdichte wiederum gibt die Art des Kühlungssystems vor. In 4.2 werden weitere Beispiele diskutiert, welche verdeutlichen, dass eine umfassende Planung aller zu implementierenden Komponenten notwendig ist.

## 4.1 Feldgeneratordesign

Ziel dieses Kapitels ist das Design eines FFL-Scanners mit einer Gradientenstärke bei $1\,\mathrm{T\,m^{-1}}\,\mu_0^{-1}$. Im Folgenden wird gezeigt, welche Konfiguration von Elektromagneten eine rotierbare FFL generiert. Dazu werden diverse FFP-Felder überlagert, welche über Maxwell- oder Anti-Helmholtz-Spulenpaare zu realisieren sind.

Zunächst wird gezeigt, dass das Gradientenfeld $\mathbf{G}_{\mathrm{FFL}} \cdot \mathbf{r}$, welche eine FFL auf eine Symmetrieachse charakterisiert, durch die Superposition zweier FFP-Gradientenfelder erreicht werden kann.

### 4.1.1 Generierung einer rotierbaren FFL

Im Zentrum eines Maxwell-Spulenpaars wird in guter Näherung ein Magnetfeld mit einem FFP und konstantem Gradienten gemäß (3.24) generiert. Die Richtung des stärksten Gradienten liegt dabei auf der Symmetrieachse des Spulenpaares. Ein Spulenpaar sei in $x$-Richtung ausgerichtet, mit Strom $I_x^0$ durchflossen und weise die Sensitivität $p$ auf. Dann kann das generierte Feld über

$$\mathbf{H}^{\mathrm{FFP},x} = I_x^0\, p_x\, \mathbf{G}_{\mathrm{FFP}} \cdot \mathbf{r} \tag{4.1}$$

ausgedrückt werden. Die Summe aus diesem und einem weiteren, in $y$-Richtung orientieren Spulenpaar mit gleicher Sensitivität $p = p_x = p_y$ ist [4, 110]

$$\mathbf{H}^{\mathrm{FFL},\gamma=0} = p \begin{pmatrix} I_x^0 - \frac{1}{2}I_y^0 & 0 & 0 \\ 0 & -\frac{1}{2}I_x^0 + I_y^0 & 0 \\ 0 & 0 & -\frac{1}{2}I_x^0 - \frac{1}{2}I_y^0 \end{pmatrix} \cdot \mathbf{r}. \tag{4.2}$$

Soll die FFL entlang der $x$-Achse formiert werden, ergibt das Gleichsetzen mit (3.25)

$$I_x^0 = \frac{2G}{3p} \qquad \text{und} \qquad I_y^0 = \frac{4G}{3p}. \tag{4.3}$$

Dabei ist zu beobachten, dass $I_y^0 = 2I_x^0$ ist. Durch eine Umkehr dieser Relation ergibt sich eine FFL entlang der $y$-Achse.

Durch eine Linearkombination der genutzten Matrizen sind ausschließlich Diagonalmatrizen erzeugbar. Eine frei rotierbare FFL ist allerdings durch Matrixelemente auf den Nebendiagonalen gekennzeichnet.

Um eine rotierte FFL zu generieren, sei noch einmal (3.39) betrachtet. Das Ausmultiplizieren ergibt

$$\mathbf{H}^{\mathrm{FFL},\gamma} = G\frac{1}{2} \begin{pmatrix} 1-\cos 2\gamma & -\sin 2\gamma & 0 \\ -\sin 2\gamma & 1+\cos 2\gamma & 0 \\ 0 & 0 & 2 \end{pmatrix} \cdot \mathbf{r}. \tag{4.4}$$

Dies entspricht (3.40), allerdings ohne Reduktion auf die $x$-$y$-Ebene. Wie in [5, 110] vorgeschlagen, kann dieses Feld in drei Felder

$$\mathbf{H}^{\mathrm{FFL},\gamma}(\mathbf{r}) = G\frac{1}{2}\left(\mathbf{H}^{\mathrm{a},\gamma}(\mathbf{r}) + \mathbf{H}^{\mathrm{b},\gamma}(\mathbf{r}) + \mathbf{H}^{\mathrm{c}}(\mathbf{r})\right) \tag{4.5}$$

mit

$$\mathbf{H}^{\mathrm{a},\gamma}(\mathbf{r}) = \begin{pmatrix} -\cos 2\gamma & 0 & 0 \\ 0 & \cos 2\gamma & 0 \\ 0 & 0 & 0 \end{pmatrix} \cdot \mathbf{r} \tag{4.6}$$

$$\mathbf{H}^{\mathrm{b},\gamma}(\mathbf{r}) = \begin{pmatrix} 0 & -\sin 2\gamma & 0 \\ -\sin 2\gamma & 0 & 0 \\ 0 & 0 & 0 \end{pmatrix} \cdot \mathbf{r} \tag{4.7}$$

$$\mathbf{H}^{\mathrm{c}}(\mathbf{r}) = \begin{pmatrix} 1 & 0 & 0 \\ 0 & 1 & 0 \\ 0 & 0 & 2 \end{pmatrix} \cdot \mathbf{r} \tag{4.8}$$

aufgeteilt werden. Die Felder sind folgendermaßen realisierbar:

- $\mathbf{H}^{\mathrm{a},\gamma}(\mathbf{r})$ ist ein FFL-Gradientenfeld und kann über zwei orthogonale Maxwell-Spulenpaare realisiert werden. Der Gradient wird mit $\cos 2\gamma$ über die Stromstärke (4.3) eingestellt.
- $\mathbf{H}^{\mathrm{b},\gamma}(\mathbf{r})$ ist ebenfalls ein FFL-Gradientenfeld, welches allerdings um $\pi/4$ in der $x$-$y$-Ebene rotiert ist. Diese Operation verschiebt die Hauptdiagonalelemente auf die Nebendiagonalen. Das Feld kann also über zwei zusätzliche, um $\pi/4$ rotierte Maxwell-Spulenpaare realisiert werden.
- $\mathbf{H}^{\mathrm{c}}(\mathbf{r})$ ist ein zeitlich konstantes FFP-Gradientenfeld mit der $z$-Achse als Richtung des stärksten Gradienten. Da keine Abhängigkeit von $\gamma$ vorliegt, kann dieses Feld über Permanentmagneten implementiert werden, welche keinen Beitrag zur Verlustleistung liefern.

Das resultierende Setup von Elektromagneten ist in Abb. 4.1 links dargestellt. Im Folgenden ist der Übersicht halber auf die Darstellung der Permanentmagneten verzichtet. Die zwei gegeneinander rotierten Maxwell-Konfigurationen, welche jeweils einen Quadrupol darstellen, generieren zusammen mit vor und hinter dem Aufbau montierten, entgegengesetzt polarisierten Permanentmagneten eine in der Scannerebene rotierbare FFL.

### 4.1.2 Spulentopologie zur Translation der FFL

Die Translation der FFL kann über zwei orthogonale Helmholtz-Spulenpaare, also zwei Dipole, in der Bildgebungsebene erreicht werden. Helmholtz-Spulenpaare generieren in guter Näherung homogene Felder im Zentrum der Anordnung, wie für

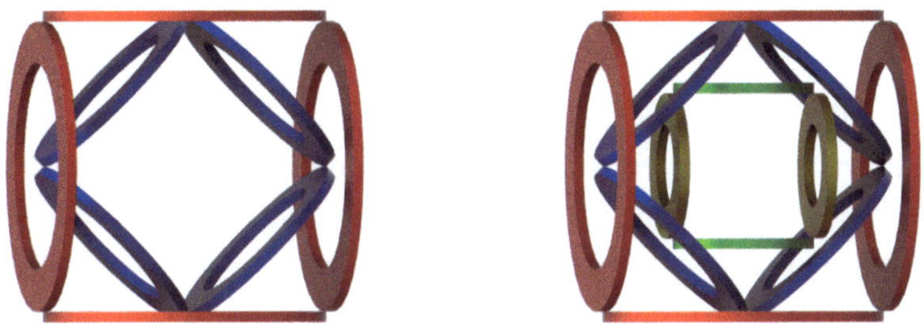

Abbildung 4.1: Zwei um 45° gegeneinander rotierte Quadrupole ergeben eine Spulentopologie zur Generierung einer rotierbaren FFL (links). Das Einfügen zweier orthogonaler Dipole erlaubt die Translation der FFL senkrecht zu ihrer Ausbreitungsrichtung (rechts).

die Bildgebung in (3.43) gefordert. Eine gezielte Kombination zweier orthogonaler, homogener Felder in einer Ebene ergibt ein homogenes Feld mit einstellbarer Richtung in dieser Ebene. Die Umsetzbarkeit einer rotierbaren und translatierbaren FFL, mit den hier eingeführten Spulenpaaren, wurde in [6] demonstriert.

Wie in Abb. 4.1 (rechts) gezeigt, wurden für den hier vorgestellten Scanner die Helmholtz-Spulenpaare innerhalb der Maxwell-Spulenpaare eingefügt, um die Kopplung des höherfrequenten Feldes des Helmholtz-Spulenpaares in die Maxwell-Spulenpaare gering zu halten.

In diesen Aufbau wurden noch, wie in 3.3.4 gefordert, zwei orthogonale Empfangsspulenpaare in Helmholtzkonfiguration eingefügt, deren homogene Sensitivitäten das Partikelsignal in Richtung 0° und 90° gemäß (2.61) aufnehmen.

Es sei angemerkt, dass die Anregungsfeld-Spulenpaare auch als Empfangsspulenpaare genutzt werden können. Dies reduziert generell die Verluste und verbessert das SNR, führt jedoch zu einem erhöhten Filteraufwand auf der Bestromungsseite [83]. Hierauf wurde verzichtet, da die Größe des hier erstellten Scanners den Raum für ein dediziertes Empfangsspulenpaar ließ.

### 4.1.3 Spulengeometrien

Nachdem die gewünschte Spulenkonfiguration eingeführt wurde, kann die Geometrie der einzelnen Spulen in Hinsicht auf eine minimierte Verlustleistung optimiert werden. Generell geht es darum, das gewünschte Feld mithilfe der Invertierung von (3.12) auf eine Oberfläche zu projizieren und auf dieser Oberfläche eine Stromdichte zu erhalten [123, 3]. Um die so errechnete Stromdichte durch eine Spule realisieren zu können, kann die Stomdichte mithilfe von Stromfunktionen ausgedrückt werden. Über eine Diskretisierung der so erhaltenen Stromfunktionen können die zu implementierenden Leitungswege erhalten werden.

Eine praktischere Herangehensweise wurde in [124, 125] gewählt, wo die Performance von vier Spulengeometrien in Hinsicht auf Feldqualität und Verlustleistung verglichen wurde. Eine hohe Feldqualität entspricht demnach einer geringen Abweichung zwischen simulierten Feldern und mathematisch idealen Feldern. Die simulierten Felder wurden dabei mit der Software ScannerConf[1] durch eine numerische Berechnung des Integrals (3.13) erhalten. Dies beinhaltet die Diskretisierung der stromführenden Leitungen und der Voxel, in denen die magnetische Flussdichte berechnet wird. Von den vier verglichenen Geometrien zeigte sich die Sattelspule die besten Ergebnisse für die FFL-Bildgebung. Das Ergebnis ist in sofern intuitiv, als dass so der Raum im Scanner dicht mit Spulen gepackt ist. In Hinsicht auf die oben erwähnte, allgemeinere Herangehensweise ist dieses Ergebnis verständlich, da es der Berechnung der Stromdichte auf einer zylindrischen Oberfläche entspricht, wenn man der Oberfläche nachträglich eine Dicke zuordnet. Lediglich die Leitungsführung innerhalb einer Spule kann noch mit der oben beschriebenen Methode verbessert werden. Der Vorteil der in [124] gegebenen Analyse ist, dass direkt Volumenspulen betrachtet wurden und nicht von einer Spulenfläche ausgegangen wurde.

In dem in dieser Arbeit vorgestellten Scanner wurden aufgrund dieser Analysen Sattelspulen als Helmholtz- und Maxwellspulen, also als Anregungs- und Selektionsfeldspulen, ausgewählt. Betrachtet man die Anordnung der Spulen gemäß 4.1.2 von der Messkammer ausgehend radial auswärts, so erhält man folgende Spulenkonfiguration:

- Ein einfach gewickeltes Helmholtz-Spulenpaar (Dipol) als Empfangseinheit mit Sensitivität $p_y$ in $y$-Richtung.
- Ein einfach gewickeltes Helmholtz-Spulenpaar (Dipol) als Empfangseinheit mit Sensitivität $p_x$ in $x$-Richtung.
- Ein mehrfach gewickeltes Helmholtz-Spulenpaar (Dipol) als Anregungsfeldspulenpaar mit Hauptachse in $y$-Richtung.
- Ein mehrfach gewickeltes Helmholtz-Spulenpaar (Dipol) als Anregungsfeldspulenpaar mit Hauptachse in $x$-Richtung.
- Zwei orthogonale, mehrfach gewickelte Maxell-Spulenpaare (Quadrupol) als Selektionsfeldspulenpaar mit Hauptachsen in $x$- bzw. $y$- Richtung.

[1] IMT, Universität zu Lübeck

Abbildung 4.2: Feldgenerator mit Sattelspulen.

- Zwei orthogonale, jeweils mehrfach gewickelte Maxell-Spulenpaare (Quadrupol) als Selektionsfeldspulenpaar mit Hauptachsen um $\pi/4$ relativ zur $x$- bzw. $y$- Richtung um die $z$-Achse rotiert.

Eine mehrfach gewickelte Spule ist hier darüber definiert, dass sie im Gegensatz zu einer einfach gewickelte Spule die gleichen Windungen in mehreren Lagen übereinander aufweist. Der resultierende Aufbau ist in Abb. 4.2 dargestellt.

### 4.1.4 Optimierung der Feldgeneratorparameter

Ausgehend von der in Abb. 4.2 gegebenen Spulentopologie von Sattelspulen können die geometrischen Parameter der einzelnen Spulen noch optimiert werden. Das in diesem Abschnitt beschriebene Design wurde im Rahmen eines Praktikums im Masterstudium entwickelt und wird in [110] erwähnt. Zunächst sei anhand von Abb. 4.3 die hier genutzte Nomenklatur der Spulenparameter erklärt.

Es gilt, für jede Spule die Länge, Dicke und Höhe, den Öffnungswinkel und die Stromdichte zu ermitteln, sodass die Kombination aller Spulen mit zeitabhängigen Stromdichten eine zeitabhängig translatierte und rotierte FFL erzeugt. Ziel dabei ist es, den Abstand zu jedem Zeitpunkt zwischen simulierten Feldern $\mathbf{H}_{\text{Simu}}(\mathbf{r}, t)$ und idealen Feldern $\mathbf{H}_{\text{Ziel}}(\mathbf{r}, t)$ möglichst gering zu halten. Dieses Vorgehen wurde gewählt, da möglichst ideale Felder erst den gewählten, analytischen Rekonstruktionsalgorithmus aus 2.4 zulassen.

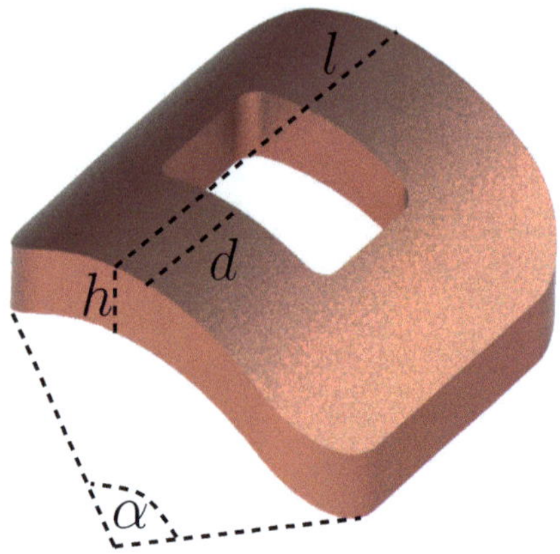


Abbildung 4.3: Geometrische Größen einer Sattelspule.

Die Parameter wurden wie folgt ermittelt:

- Die maximale Länge $l$ aller Spulen ist durch den Abstand der Permanentmagneten zueinander gegeben, da diese vor und hinter der Spulenkonstruktion angebracht werden. Dieser Abstand ergibt sich aus der genauen Form und Remanenz der Permanentmagneten. Zur Planung der Spulenlänge wird zunächst eine Remanenz von $1\,\mathrm{T}\,\mu_0^{-1}$ angenommen, was bei realisierbaren Magnetformen zu einem Abstand von knapp mehr als $60\,\mathrm{mm}$ führt. Dieser wurde als Spulenlänge festgesetzt.

- Der Öffnungswinkel der Quadrupol-Spulen wird auf $90°$ festgesetzt, da so ein geschlossener Spulenring erzeugt werden kann. Eine minimale Verlustleistung sieht einen möglichst geringen Abstand der Selektionsfeldspulen vom FOV vor. Ebenso ist es erstrebenswert, dass der Öffnungswinkel der Dipol-Spulen ebenfalls $90°$ beträgt, um beide Dipole in einem Ring zu realisieren. Dies war jedoch nicht umsetzbar, da weitere Simulationen stets eine erhöhte Stromdichte in den Dipol-Spulen ergaben. Daher wurde der Ring aus zwei Dipol-Spulenpaaren in zwei Ringe aufgeteilt und der jeweilige Öffnungswinkel auf $120°$ gesetzt, was nach [126] einem optimierten Öffnungswinkel entspricht. So vergrößerte sich zwar der Abstand der Quadrupol-Spulen vom FOV, doch die kritische Stromdichte in den Dipol-Spulen konnte verringert werden.

- Die Höhe $h$ einer Spule hängt diskret von der Anzahl der Wicklungen $n_h$ und der Höhe einer Einzelwicklung $h_w$ ab. Durch die geringe Menge an realisierbaren Möglichkeiten, kann der Parameter $n_h$ manuell für jede Spule angepasst werden. In die Simulation ist damit bereits die Höhe der verwendeten Litzen $h_w$ eingeflossen, welche zwischen den Spulen variieren.

- Die Dicke $d$ einer jeden Spule entspricht der Anzahl der Windungen $n_d$ pro Wicklung multipliziert mit der Dicke der verwendeten Leitung $d_w$. Da die Bogenlängen vorgegeben sind und die Spulen nach innen nicht beliebig dicht gewickelt werden können, ist die Dicke ebenfalls pro Spule manuell festlegbar.

Wie in 4.1.1 gezeigt, kann ein Magnetfeld, welches eine rotierte FFL aufweist, als eine Linearkombination aus zwei Quadrupolfeldern und einem Dipolfeld dargestellt werden. Ähnlich gilt für das Anregungsfeld, dass es als Linearkombination aus zwei Dipolfeldern generiert wird. Damit bleibt die Verteilung der Stromdichten auf die verschiedenen Dipole und Quadrupole ein Freiheitsgrad. Dies wird als Optimierungsproblem (4.9) formuliert und anschließend gelöst.

Dazu ist zunächst die Berechnung der Sensitivitäten durch die oben gegebenen Spulenparameter notwendig. Ebenfalls ergeben sich die stromleitenden Spulenquerschnittsflächen aus den Parametern zu $A = dhf_{\mathrm{F}}$. Dabei ist $f_{\mathrm{F}}$ der Füllfaktor der verwendeten Litze und gibt den Anteil des Leitungsquerschnitts an, welcher elektrisch leitet.

Um die Konstruktion ohne aufwendige Öl- oder Wasserkühlung der Scannerspulen planen zu können, wurde eine kritische Stromdichte von $6\,\mathrm{A\,mm^{-2}}$ festgesetzt. Ebenfalls kritisch für die Temperaturentwicklung innerhalb der Spulen ist ihr Verhältnis von Volumen zu Oberfläche. Um dies möglichst gering zu halten und gleichzeitig die Fertigbarkeit zu verbessern, wurden Spulen mit vielen Wicklungen bereits im Design in Spulenstapel aufgeteilt. So konnten in der Fertigung mehrere kleine Spulen hergestellt werden, welche jeweils eine durch einen Luftstrom kühlbare Wärmeentwicklung aufwiesen. Zwischen den Spulen wurde ein Abstand von $1\,\mathrm{mm}$ eingeplant, sodass die Kühlung über einen Luftstrom realisiert werden kann. Durch eine Reihenschaltung der Spulen pro Spulenstapel funktioniert jeder Stapel wie eine individuelle Spule.

Damit kommt zu den manuell festlegbaren Parametern noch die Anzahl der Spulen pro Spulenstapel jedes Dipols und jedes Quadrupols $n_{D_1}$, $n_{D_2}$, $n_{Q_1}$ ,$n_{Q_2}$.

Es sei noch einmal angemerkt, dass diese Art des Scannerdesign größtenteils darauf zurückzuführen ist, dass mit eine Luftkühlung gearbeitet werden sollte, um den Realisierungsaufwand des Feldgenerators in einem umsetzbaren Rahmen zu halten. Ein allgemeineres Vorgehen ist in [123] beschrieben, setzt jedoch einfach gewickelte Spulen voraus, welche in dem hier präsentierten Fall eine zu hohe

Abbildung 4.4: Durch die Optimierung der Stromdichteverteilung wurde ein Feldgenerator mit insgesamt 24 Spulen entworfen.

Stromdichte aufweisen würden.

Als Zielfeld $\mathbf{H}_{\text{Ziel}}(\mathbf{r}, t)$ der zu optimierenden Gleichung (4.9) wurde (3.45) auf einem diskreten Gitter berechnet. Dabei wurde ein Gradient von $1\,\mathrm{T\,m^{-1}}\,\mu_0^{-1}$ angenommen. Das von den Spulen generierte Feld $\mathbf{H}_{\text{Simu}}(\mathbf{r}, t)$ wurde unter Verwendung der in 4.1.3 beschriebenen Simulationsumgebung ScannerConf erzeugt.

Das Optimieren dieser Gleichung führt allerdings zu überkritischen Stromdichten in den inneren und äußeren Quadrupolringen. Daher wurde die Optimierungsgleichung um einen Term erweitert, welcher die Verlustleistung in den inneren Quadrupolspulen $P_i = I_i^2 R_i$ und den äußeren Quadrupolspulen $P_a = I_a^2 R_a$ berücksichtigt und zu hohe Werte bestraft:

$$\underset{I}{\operatorname{argmin}} \left\| I\,\mathbf{p} - \mathbf{H}_{\text{Ziel}} \right\|^2 + \lambda_i^2\, I_i^2 R_i + \lambda_a^2\, I_a^2 R_a. \tag{4.9}$$

Die Regularisierungsparameter $\lambda_i$ und $\lambda_a$ wurden manuell gewählt.

Die manuelle Justierung der Parameter und die Optimierung der Stromdichten führten zu einem Scanner mit einer Gesamtzahl von 24 Spulen, welcher in Abb. 4.4 gezeigt ist. Nicht gezeigt sind weiterhin die zwei Permanentmagneten, welche noch vor und hinter der Elektromagnetenkonfiguration angebracht werden. Die Parameter der individuellen Spulen pro Spulenstapel sind in Tab. 4.1 angegeben.

Tabelle 4.1: Geometrische Parameter und Stromdichte von sattelförmigen Selektions- und Anregungsfeldspulen (SFS, AFS).

| Spulen | äußere SFS | innere SFS | äußere AFS | innere AFS |
|---|---|---|---|---|
| Bogenlänge / cm | 7,07 | 4,87 | 5,81 | 5,81 |
| Länge / cm | 6,00 | 6,00 | 6,00 | 6,00 |
| Dicke / cm | 1,95 | 1,38 | 1,62 | 1,62 |
| Höhe / cm | 0,90 | 0,60 | 0,23 | 0,23 |
| Krümmung / cm | 4,50 | 3,10 | 2,55 | 2,00 |
| Stromdichte / $\mathrm{Amm}^{-2}$ | 4,90 | 5,10 | 6,00 | 6,00 |

## 4.2 Übersicht der Signalpfade

Nachdem die Konzeption des Feldgenerators abgeschlossen ist, kann analysiert werden, ob die gewünschte Bestromung mit einer entsprechenden Signalreinheit durch Verstärker und Filter realisierbar ist. Dies gilt es bereits während der Planung des Scanners zu berücksichtigen, da es abhängig von den Amplituden und Frequenzen der Ströme am Scanner zu nicht realisierbaren Kapazitäten oder Induktivitäten kommen kann.

Ein beispielhaftes Dilemma beim Design eines FFL-MPI-Scanners zeigt dabei, dass alle Hardwarekomponenten in der Planung zu berücksichtigen sind. Ist die Rotationsfrequenz der FFL zu hoch gewählt, so ist die Filterbandbreite der Anregungsstromfilter nur mit erhöhtem Aufwand zu realisieren. Ist die Rotationsfrequenz zu niedrig, so sind die Kapazitäten der Impedanzanpassung an den Selektionsfeldspulen übermäßig groß.

Eine vereinfachte Übersicht über die in dem hier geplanten Scanner notwendigen Signalpfade ist in Abb. 4.5 dargestellt. Wie beim Feldgenerator ist die Hardware in Anregungsfeld-, Selektionsfeld- und Empfangspfad aufteilbar. Die Signalgenerierung findet am Computer statt. Die dort generierten Kleinsignale werden in den Anregungsfeld- und Selektionsfeldpfaden verstärkt und gefiltert. Im Empfangspfad wird das Partikelsignal gefiltert, rauscharm verstärkt und an den Computer übermittelt. Die Planung der unterschiedlichen Pfade des Scanners ist im Folgenden detailliert beschrieben. Zur Simulation sämtlicher Frequenzgänge wurde die Software LTSpice genutzt.

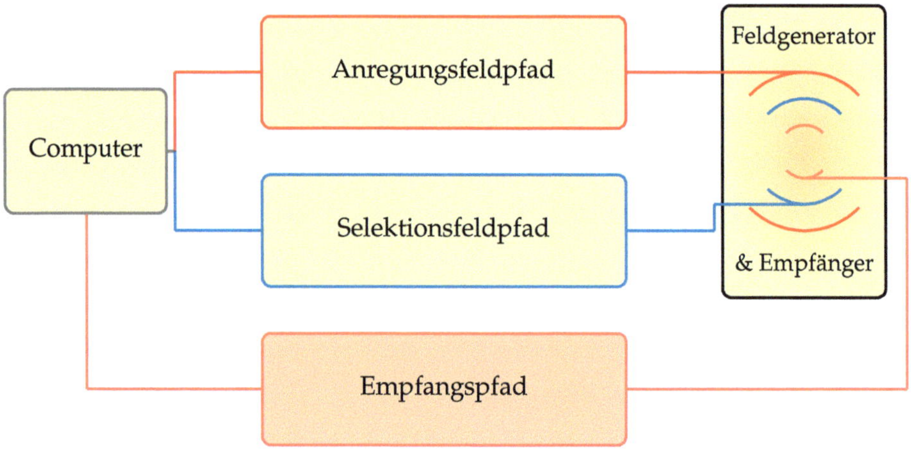


Abbildung 4.5: Übersicht über die analoge Signalkette. Am Computer werden Anregungsfeld- und Selektionsfeldsignale generiert und an den Feldgenerator übertragen. Das dadurch generierte Partikelsignal wird ebenfalls an den Computer zur Rekonstruktion übertragen.

## 4.3 Anregungspfad

Über zwei Anregungsfeldpfade werden die Anregungsfeldspulen bestromt. Es gilt, die erforderliche Leistung zu gewährleisten, gleichzeitig das gesendete Signal nicht zu verzerren und eine Einkopplung von Störsignalen zu vermeiden.

### 4.3.1 Eigenschaften des Signals

Grundlage für die Planung der Komponenten des Anregungsstrompfades ist die Form und Amplitude des zu sendenden Signals. Im Falle von FFL-MPI-Bildgebung wird die Summe aus zwei sinusoidalen Signalen mit leicht unterschiedlichen Frequenzen generiert. Dies ergibt sich aus der Betrachtung der Richtungskomponenten des Anregungsfeldes (3.43), welche durch die Sensitivität der Spulen geteilt, die zu applizierenden Ströme ergeben. Für das Spulenpaar in $x$-Richtung mit Sensitivität $p_x$ ergibt sich als Strom $I_x$beispielsweise aus (3.43), (3.44) und (3.41):

$$\begin{aligned} I_x(t) &= H_{\mathrm{A}}^x\left(\gamma(t)\right)/p_x \\ &= A_x\Lambda(t)d_\perp^x\left(\gamma(t)\right)/p_x \\ &= A_x\sin(2\pi f_{\mathrm{T}}t)d_\perp^x\left(\gamma(t)\right)/p_x \\ &= -A_x\sin(2\pi f_{\mathrm{T}}t)\sin\left(\gamma(t)\right)/p_x \\ &= -A_x\sin\left(2\pi f_{\mathrm{T}}t\right)\sin\left(2\pi f_{\mathrm{R}}t\right)/p_x. \end{aligned} \tag{4.10}$$

Analog folgt für die $y$-Richtung

$$I_y(t) = A_y\sin\left(2\pi f_{\mathrm{T}}t\right)\cos\left(2\pi f_{\mathrm{R}}t\right)/p_y. \tag{4.11}$$

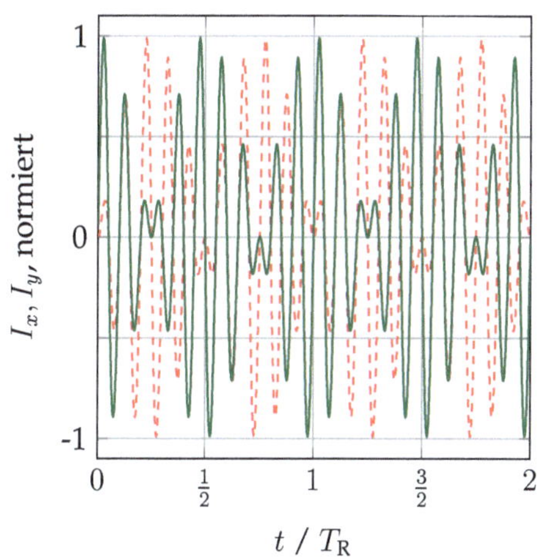


Abbildung 4.6: Die Anregungsfeldsignale weisen eine Schwebung auf, wobei die Einhüllenden eine Phase von $\pi/2$ zueinander aufweisen.

In der theoretischen Betrachtung betragen die Phasen aller angegebenen Schwingungen $0\,\mathrm{rad}$. Es stellt sich jedoch als hilfreich heraus, die Phasen der Signale hier bereits in die Rechnung miteinzubeziehen. Diese werden schließlich durch Hardwarekomponenten verschoben und müssen bei der Inbetriebnahme des Scanners kalibriert werden (siehe 5.8).

Gleichzeitig ermöglicht das Einführen von Phasen eine verallgemeinerte Schreibweise der Signale (4.10) und (4.11) über

Abbildung 4.7: Das am Computer generierte Kleinsignal wird durch einen Leistungsverstärker (AMP) verstärkt. Die dabei auftretende Verzerrung des Signals wird durch eine Bandpassfilter (BPF) behoben. Eine Impedanzanpassung (IA) garantiert die optimierte Leistungsübertragung an die Anregungsfeldspulen (AFS).

$$I_{\mathrm{A}} p_i / A_i = \cos\left(2\pi f_{\mathrm{R}} t + \varphi_{\mathrm{R}}^i\right) \sin\left(2\pi f_{\mathrm{T}} + \varphi_{\mathrm{T}}^i\right), \qquad i \in \{x, y\}. \tag{4.12}$$

Dabei sind $\varphi_{\mathrm{T}}^x$ und $\varphi_{\mathrm{T}}^y$ die Phasen des Anregungsfeldes, welches die Linie schnell translatiert und $\varphi_{\mathrm{R}}^x$ und $\varphi_{\mathrm{R}}^y$ die Phasen des Selektionsfeldes, welches die Linie langsam rotiert.

Diese Multiplikation zweier Sinusschwingungen führt zu einem Schwebungssignal, welches in Abb. 4.6 dargestellt ist. Dieses lässt sich vereinfacht analysieren und in der Computersteuerung handhaben, wenn es in eine Summe von zwei Sinusschwingungen aufgeteilt wird [127]. Mit $f_{\mathrm{T}} > f_{\mathrm{R}}$ gilt

$$I_{\mathrm{A}}^i p_i / A_i = \sin\left(2\pi\left(f_{\mathrm{T}} - f_{\mathrm{R}}\right) t + \varphi_{\mathrm{T}}^i - \varphi_{\mathrm{R}}^i\right) + \sin\left(2\pi\left(f_{\mathrm{T}} + f_{\mathrm{R}}\right) t + \varphi_{\mathrm{T}}^i + \varphi_{\mathrm{R}}^i\right) \tag{4.13}$$

mit $i \in \{x, y\}$. Hier wird ersichtlich, dass ein Signal mit zwei Frequenzen $f_{\mathrm{T-}} := f_{\mathrm{T}} - f_{\mathrm{R}}$ und $f_{\mathrm{T+}} := f_{\mathrm{T}} + f_{\mathrm{R}}$ gesendet wird. Alle weiteren Komponenten sind auf diese Frequenzen auszulegen.

### 4.3.2 Komponenten im Anregungspfad

In Abb. 4.7 ist das Schema des Anregungsstrompfades gezeigt. Nachdem das Signal am Computer generiert wurde, wird es am Leistungsverstärker auf die gewünschte Amplitude gebracht.

Leistungsverstärker weisen allgemein eine Verzerrung der Eingangssignale auf. Diese Verzerrung erzeugt höhere Harmonische im Spektrum des Sendesignals. Die direkte Kopplung dieses Sendesignals in den Empfangspfad am Scanner erzeugt so ein scheinbares Partikelsignal in einer Leermessung und ist demnach zu vermeiden.

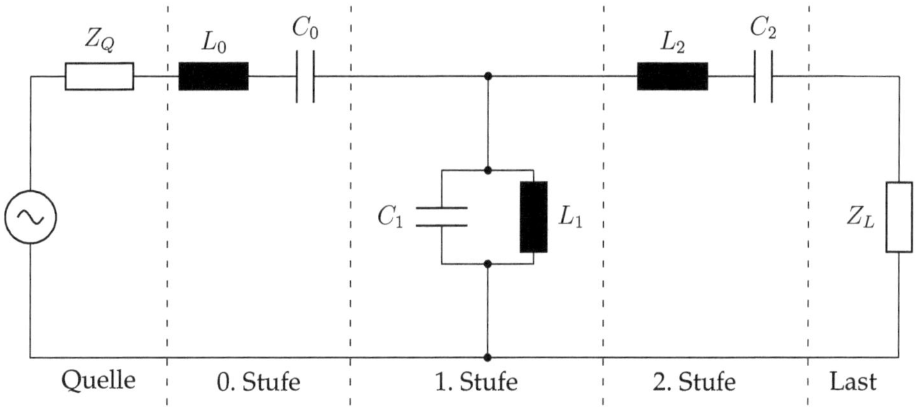


Abbildung 4.8: Schaltplan eines Butterworth-Filters dritter Ordnung.

Das Integral der am Verstärker erzeugten Harmonischen ist von der Last des Verstärkers abhängig und wird als THD (gesamte harmonische Verzerrung, Total Harmonic Distortion) bezeichnet. Bei der Auswahl von Verstärkern und Last ist folglich darauf zu achten, die THD zu minimieren, um dadurch zusätzlich den Aufwand der Filterkonstruktion gering zu halten. Wie die Impedanz angepasst werden kann, ist in 4.3.3 beschrieben.

Um die am Verstärker entstandenen Harmonischen und etwaige extern eingekoppelte Signale zu dämpfen, wurde ein Bandpassfilter entworfen. Zentral für die Konzeption des Filters war dabei, dass die zwei fundamentalen Frequenzen ungedämpft bleiben. Es war also eine entsprechende Bandbreite in den Durchlassfrequenzen notwendig. Ebenso wichtig war die höchstmögliche Dämpfung aller höheren Harmonischen, also ein möglichst steiler Frequenzgang. Der in Abb. 4.8 gezeigte Butterworth-Filter dritter Ordnung realisiert einen Bandpassfilter und erzielte in der Simulation die gewünschten Kriterien bei einem geeigneten Realisierungsaufwand. Die Werte für die Kapazitäten und Induktivitäten sind in 4.2 aufgelistet.

Tabelle 4.2: Kapazitäten und Induktivitäten eines Butterworth-Filters dritter Ordnung für den Anregungspfad mit $Z_\mathrm{Q} = Z_\mathrm{L} = 8\,\Omega$.

| Stufe | $L_\mathrm{Stufe}$ / µH | $C_\mathrm{Stufe}$ / µF |
|---|---|---|
| 0 | 597 | 0,068 |
| 1 | 30,6 | 1,3 |
| 2 | 597 | 0,068 |

Die für diesen Aufbau simulierte Übertragungsfunktion ist in Abb. 4.9 dargestellt. Wie in 4.5.1 dargelegt, besteht das Partikelsignal im Frequenzraum aus höhreren Harmonischen der Anregungsfrequenzen $f_{\mathrm{T}\text{-}}$ und $f_{\mathrm{T}+}$. Um nicht sämtliche Mischfrequenzen hier aufzulisten, kann angenommen werden, dass lediglich mit der Grundfrequenz $f_T = 25\,\text{kHz}$ angeregt wird. Für die Filterung im Anregungspfad seien hier daher die Frequenzen $25\,\text{kHz}, 50\,\text{kHz}, 75\,\text{kHz}, 100\,\text{kHz}, 125\,\text{kHz}$ betrachtet. Deren Dämpfung beträgt in selber Reihenfolge $-1\,\text{dB}, -40\,\text{dB}, -55\,\text{dB}, -64\,\text{dB}, -71\,\text{dB}$.

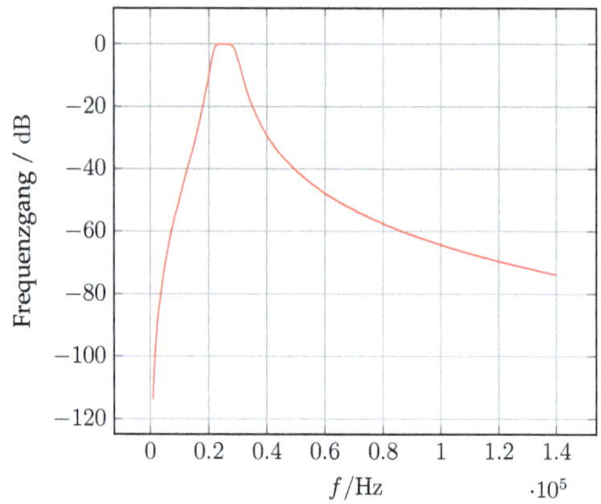


Abbildung 4.9: Simulierter Frequenzgang des Transmissionsfilters.

Da das Filter bei den zwei fundamentalen Frequenzen $f_{\text{T-}}$ und $f_{\text{T+}}$ praktisch transparent ist, beeinflusst er die Last des Stromkreises nicht und spielt dabei in der folgenden Betrachtung der Impedanzanpassung keine Rolle.

### 4.3.3 Impedanzanpassungen

Leistungsverstärker sind üblicherweise für bestimmte Lasten explizit ausgelegt. Typischerweise ist bei einer rein reellen Last, deren Widerstand dem Quellwiderstand entspricht eine optimale Leistungsübertragung möglich. Um also die Impedanz einer bei einem MPI-Scanner vorliegenden induktiven Last auf den verwendeten Verstärker anzupassen, kann ein L-Netzwerk implementiert werden. Der Schaltplan einer solchen Leistungsanpassung ist in Abb. 4.10 gezeigt.

Eine optimierte Leistungsübertragung ist über die Anpassung der Werte der Reaktanzen möglich, welche über das Gleichungssystem [128]

$$\begin{aligned} |Z_{\text{gesamt}}| &= R_{\text{Q}} \\ \text{Im}\{Z_{\text{gesamt}}\} &= 0 \end{aligned} \tag{4.14}$$

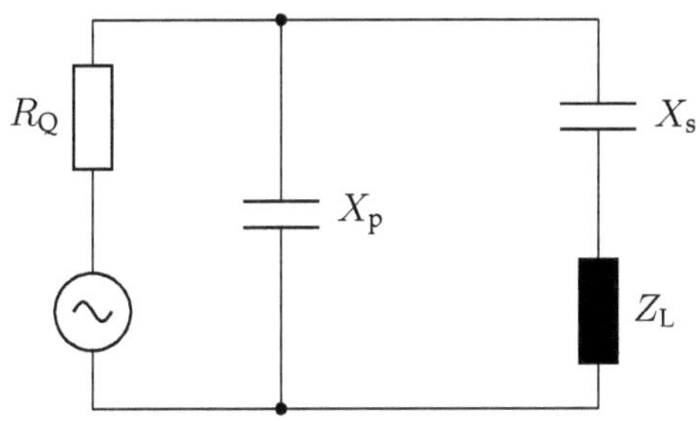


Abbildung 4.10: L-Netzwerk als Realisierung einer Impedanzanpassung zwischen Leistungsverstärker und Sendepule.

implizit gegeben sind. Die berechneten Werte für die Kapazitäten gemäß $X_p = 1/\omega C_p$ und $X_s = 1/\omega C_s$ sind in Tab. 4.3 gegeben.

Tabelle 4.3: Berechnete Kapazitäten der Impedanzanpassungen für die Anregungsfeldspulen in $x$- und $y$-Richtung mit Quelllast und Sendespuleninduktivität für einen Betrieb bei 25 kHz.

| | $R_Q$ | $L_L$ / µH | $C_p$ / µF | $C_s$ / µF |
|---|---|---|---|---|
| $x$-Richtung | 8 | 9,5 | 8,0 | 9,7 |
| $y$-Richtung | 8 | 11 | 10,8 | 5,8 |

## 4.4 Selektionspfad

Wie beim Anregungspfad ist auch für den Selektionspfad die Form und die Amplitude des gesendeten Signals grundlegend für die Planung der Komponenten des Strompfades. Davon ausgehend können die Komponenten für die Gewährleistung der Signalreinheit geplant werden. Als dies betreffende Herausforderungen gelten der Schutz des Signalpfades vor externen Störsignalen und vor der Einkopplung des höherfrequenten Dipolsignals.

### 4.4.1 Eigenschaften des Signals

Der Strom in jedem Quadrupol hat die Form

$$I_S^i = \frac{A_i}{p_i} \sin\left(4\pi f_R t + \varphi_i\right). \tag{4.15}$$

Wie beschrieben sind die Quadrupole auf zwei konzentrischen Kreisen mit unterschiedlichen Radien angebracht. Der innere Quadrupol generiert dabei eine horizontale oder vertikale Linie und der äußere die um $\pi/4$ rotierte. Dabei betragen die Phasen für eine initial horizontale FFL $\varphi_{innen} = \pi/2$ und $\varphi_{aussen} = 0$, womit $i \in \{innen, aussen\}$ definiert ist.

Im Vergleich zur Einhüllenden des Anregungsfeldsignal liegt beim Selektionsfeldsignal eine doppelt so hohe Frequenz vor. Dies ist insofern intuitiv, als dass jedes Spulenpaar für das Anregungsfeld einmal bei voller Amplitude der Einhüllenden betrieben wird, wenn eine $90°$-Rotation der FFL stattfindet. Während dessen muss der Strom im inneren Quadrupol sein positives und sein negatives Maximum erreichen, um einmal eine horizontale und eine vertikale Linie zu erzeugen. Durch die doppelte Frequenz unterscheiden sich auch die Periodendauer von Strömen in den Quadrupolspulen und Periodendauer der tatsächlichen Rotation der FFL $T_\mathrm{R}$ um den Faktor 2, was zu berücksichtigen ist, wenn der Verlauf der Ströme der beiden Quadrupole in Abb. 4.11 betrachtet wird.

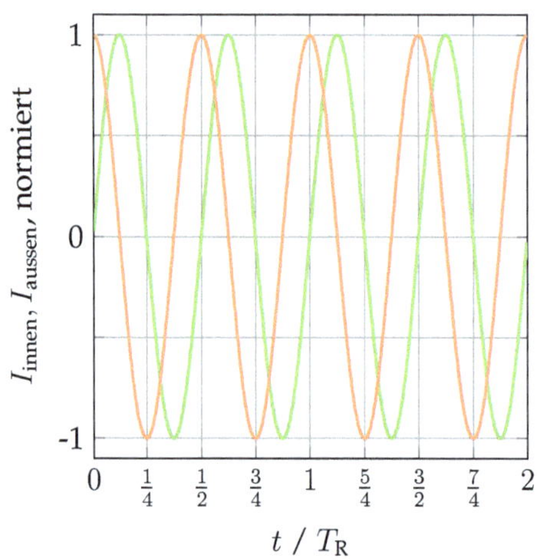


Abbildung 4.11: Ströme im inneren (grün) und äußeren (orange) Quadrupol gemäß Gleichung (3.48). Dabei wurden $f_\mathrm{R} = 500\,\mathrm{Hz}$ und $n = 50$ . Bei jedem Extremum des Stroms im inneren Quadrupol wird eine horizontale (Maximum) bzw. vertikale (Minimum) FFL erzeugt. Dasselbe gilt für den Strom im äußeren Quadrupol in einem um $45°$ rotierten Koordinatensystem.

Bei jedem Maximum des Stromes im inneren Quadrupol entsteht eine horizontale FFL, bei jedem Minimum eine vertikale. Die bei jedem Maximum des Stromes im äußeren Quadrupol entstehende FFL entspricht einer horizontalen FFL, welche um $45°$ rotiert wurde. Das selbe gilt für jedes Minimum, wobei eine vertikale FFL um $45°$ rotiert wurde. Zwischen diesen Extrema entspricht das generierte Magnetfeld einer kontinuierlich rotierenden FFL. Gezeigt sind also die Quadrupolströme für zwei volle Rotationen der FFL.

Abbildung 4.12: Schema des Selektionsfeldpfades. Das am Computer generierte Signal wird verstärkt, passiert einen LPF (Low-Pass Filter), um Störsignale zu dämpfen und einen BSF (Bandstopfilter), um einen durch das Anregungsfeld induzieren Stromfluss zu verhindern.

## 4.4.2 Komponenten im Selektionspfad

Eine Übersicht über die Komponenten im Selektionspfad ist in Abb. 4.12 gegeben.

Das Signal wird am PC erzeugt und durch einen Leistungsverstärker auf die notwendige Amplitude verstärkt. Auffallend ist das Fehlen eines Bandpass-Filters. Dieser ist nicht notwendig, da die in 4.3.2 erwähnte THD des Verstärkers lediglich Harmonische erzeugt, welche in einer, relativ zum Anregungssignal niedrig angesiedelten Bandbreite liegen. Es werden also durch den Verstärker Harmonische generiert, welche sich nicht oder durch Kopplung und Faltung der Signale nur unwesentlich mit dem Signal der Partikel im Spektrum überschneiden.

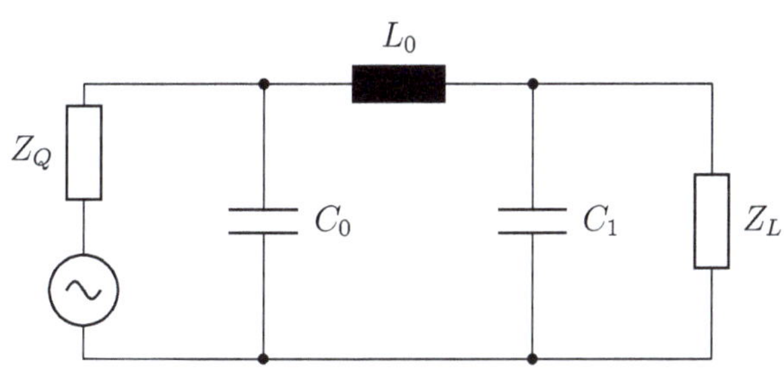


Abbildung 4.13: Pi-Filter im Selektionspfad dämpfen externe Störsignale, welche über den Feldgenerator in den Empfangspfad einkoppeln könnten.

Problematisch sind Einkopplungen externer Signale, welche in der Bandbreite des zu empfangenden Partikelsignals liegen. Diese gilt es, im Selektionspfad zu vermeiden, was durch einen LPF erreicht werden kann. Die hier gewählte Implementierung sieht einen Pi-Filter vor, dessen Schaltplan in 4.13 gezeigt ist. Dieser leitet hochfrequente Signale direkt über je eine Kapazität vor und hinter einer Induktivität ab, welche hochfrequente Signale durch Selbstinduktion dämpft. Filter diesen Types wurden nicht speziell angefertig, sondern kommerziell erworben. Die Kapazitäten und Induktivität des Filters betragen gemäß Nomenklatur aus Abb. 4.13 $C_0 = C_1 = 7\,\mu F$ und $L_0 = 30\,\mu H$.

Zur Filterung des durch die Quadrupolspulen in den Selektionspfad einkoppelnden Anregungssignals wurde ein einstufiger BSF entworfen. Der Schaltplan ist in Abb. 4.14 abgebildet. Dabei wurde in jedem implementierten Filter eine Kapazität von $C_0 = 2{,}25\,\mu\text{F}$ und eine Induktivität von $L_0 = 18\,\mu\text{H}$ verwendet.

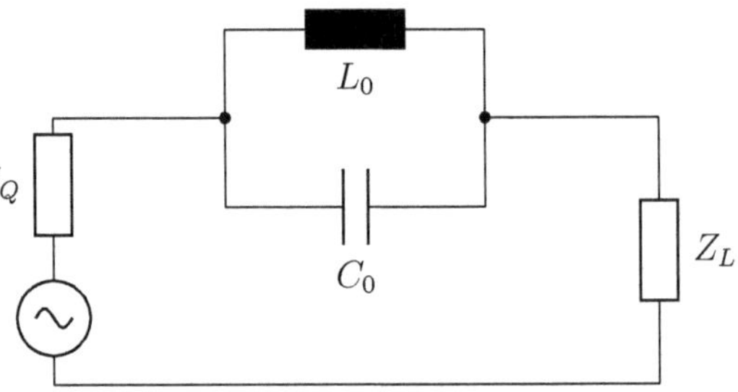


Abbildung 4.14: Bandstopfilter erster Ordnung wurden in den Selektionspfad eingebaut, um das Einkoppeln des Anregungspfades in den Selektionspfad über den Feldgenerator zu dämpfen.

### 4.4.3 Gesamtsequenz

In Abb. 4.15 ist abschließend die gesamte Sequenz für beide Quadrupole und beide Dipole aufgeführt [E8]. Die exakten Phasen zueinander sind zentral für eine erfolgreiche Bildgebung und werden bei der Implementierung gemessen und kalibriert werden (siehe 5.8).

Die Summe der Felder, welche durch die gezeigten Ströme generiert werden, ergibt eine kontinuierlich rotierende und dabei orthogonal zu ihrer Ausbreitung translatierende FFL. Die Dipolströme erreichen stets ein Maximum, wenn der Strom im inneren Quadrupol ein Extremum erreicht, da in diesen Fällen eine horizontale bzw. vertikale FFL vorliegt, welche dann vertikal bzw. horizontal translatiert wird. Bei einem Extremum des Stroms im äußeren Quadrupol entsteht eine diagonale FFL. Dann ergibt die Summe aus beiden Anregungsfeldern ein diagonal ausgerichtetes Anregungsfeld.

## 4.5 Empfangspfad

### 4.5.1 Eigenschaften des Partikelsignals

Durch den nicht-linearen Charakter der Partikelmagnetisierung besteht das Partikelsignal aus höheren Harmonischen der Anregungsfeldfrequenzen. In einem MPI-Spektrometer erfüllt das Empfangssignal ein alternierendes Signal gemäß

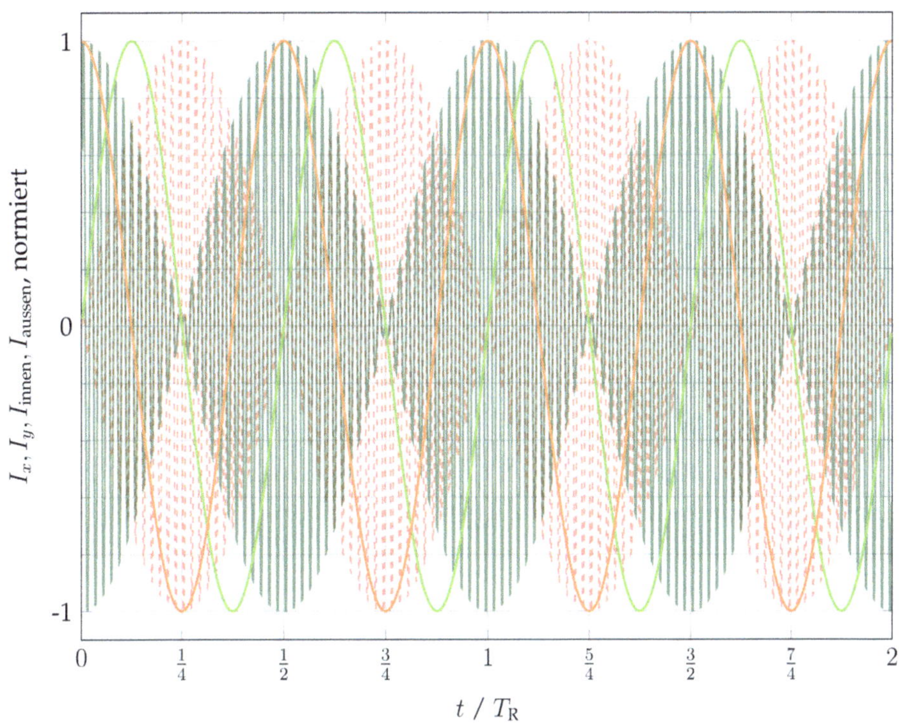


Abbildung 4.15: Die Stromsequenz der gesamten FFL-Bildgebung. Zur Visualisierung wurde $f_\text{R} = 500\,\text{Hz}$ und $f_\text{T} = 25\,\text{kHz}$ gewählt. Der Effekt der Signale wurden in selber Farbkodierung in 4.11 und 4.6 erklärt. Hier ist das Timing aufgezeigt, welches beispielsweise dazu führt, dass bei einer horizontalen FFL (Maximum der orangefarbenen Kurve) eine vertikale Translation erreicht wird (Maximum des grünen Schwebungssignals).

$$s(t) = -s(t + T) \tag{4.16}$$

ist. Dabei ist $T$ die Periodendauer des Alternierens. Trifft (4.16) auf das induzierte Signal zu, so werden lediglich ungerade Harmonische der Grundfrequenz generiert [129].

Im Falle des Empfangssignals in der FFL-Bildgebung trifft diese Eigenschaft nur auf Partikel an einer Position zu, wo das Selektionsfeld Null beträgt; also auf der FFL selbst. Mit steigendem Abstand zur FFL steigt das Selektionsfeld linear mit Gradienten $G$ an, womit die Eigenschaft (4.16) in immer höherem Maße verletzt wird und das Signal vermehrt aus geraden Harmonischen besteht.

Es gilt, den relevanten Teil des Spektrums des Partikelsignals zu identifizieren und das Komponentendesign auf diesen zu konzentrieren. Typischerweise liegt die Anzahl der betrachteten Harmonischen im Bereich von 20 bis 60. Bei einer Grundfrequenz von $f_{\mathrm{T}} = 25\,\mathrm{kHz}$ bedeutet dies eine maximale Frequenz von etwa $1{,}5\,\mathrm{MHz}$ [1, 77, 81]. Exakterweise wären die um $+f_{\mathrm{R}}$ und $-f_{\mathrm{R}}$ verschobenen Grundfrequenzen zu betrachten. Dies ändert die maximale zu berücksichtigende Frequenz allerdings nur unwesentlich.

Da das Senden und Empfangen in MPI gleichzeitig geschieht, muss das Signallevel des Partikelsignals relativ zum Anregungsfeldsignal betrachtet werden, welches direkt in die Empfangsspulen einkoppelt. Im folgenden Kapitel ist der Kopplungsfaktor zwischen Sende- und Empfangspfad aufgeführt. Typischerweise liegt das Signallevel des Partikelsignals um einen Faktor von $10^5$ bis $10^6$ unter dem des einkoppelnden Anregungsfeldsignals [83].

### 4.5.2 Analoge Signalverarbeitung

Wie in Abb. 4.16 gezeigt, wird auf der Empfangsseite das Partikelsignal in Empfangsspulen induziert. Daraufhin wird das Anregungsfeldsignal in einem BSF gedämpft. Das Partikelsignal wird dann durch einen LNA (rauscharmer Verstärker, Low-Noise Amplifier) verstärkt und über einen DIFF (Differentieller Verstärker) an den AD-Wandler am Computer übertragen.

Das Design der Empfangsspulen wurde gemäß [130, 126] durchgeführt. Dabei wird eine sinusoidale Stromverteilung auf einer Zylinderoberfläche durch diskret sinusoidal verteilte Leiter realisiert. Die so generierte Spulensensitivität weist eine hohe Homogenität innerhalb des FOV auf.

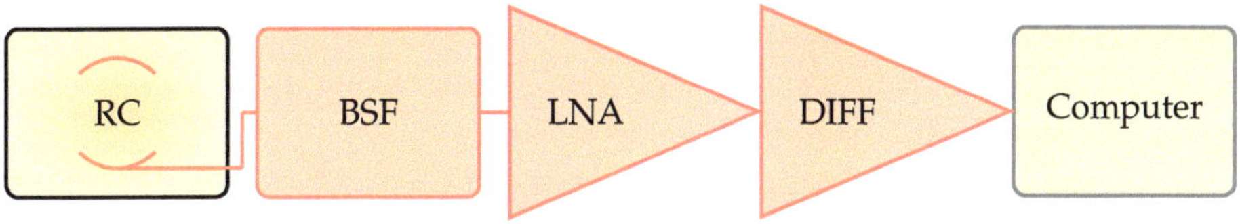


Abbildung 4.16: Schema der gesamten Empfangskette. Das Partikelsignal wird an Empfangsspulen (RC) gemessen, die Anregungfrequenzen über einen Bandstopfilter (BSF) gedämpft, das an einem LNA verstärkt und differentiell an den AD-Wandler am PC übertragen.

Durch die Anregungssignalfilterung im BSF geht ebenfalls die Amplitude der Grundfrequenz des Partikelsignals verloren. Der Verlust der Informationen bedeutet den Verlust des Hintergrundes in den Bilddaten, welcher allerdings durch die Konstanz der Filterdämpfung im rekonstruierten Signal ermittelt werden kann. Dies ist in 2.4.2 erläutert.

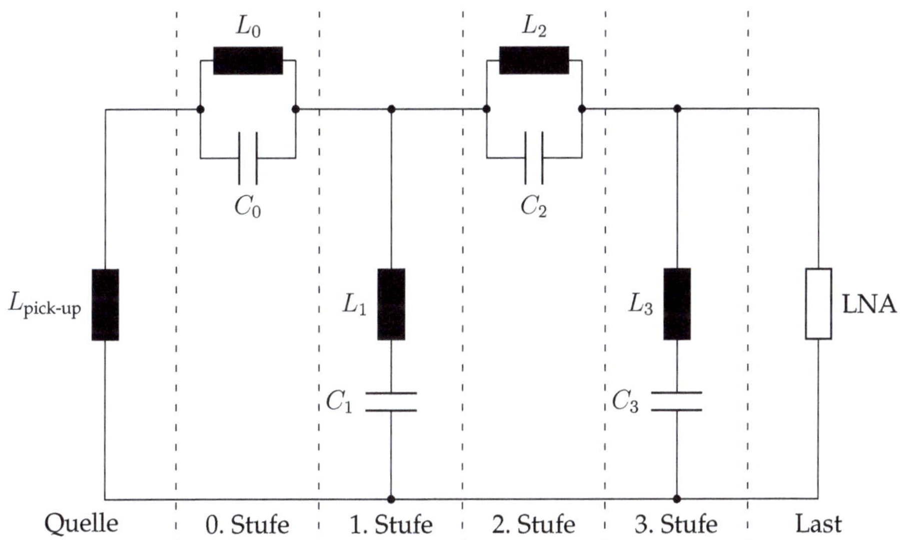


Abbildung 4.17: Ein Butterworth-Filter vierter Ordnung wurde genutzt, um die Anregungsfrequenzen $f_{\text{T-}}$ und $f_{\text{T+}}$ im empfangenen Signal zu dämpfen, bevor dieses an einem LNA verstärkt wurde.

Tabelle 4.4: Kapazitäten und Induktivitäten eines Butterworth-Filters vierter Ordnung für den Empfangspfad mit der Empfangsspule als Quelle ($Z_\text{Q} = 4{,}7\,\Omega$) und dem LNA als Last ($Z_\text{L} = 100\,\text{k}\Omega$)

| Stufe | $L_{\text{Stufe}}$ / µH | $C_{\text{Stufe}}$ / µF |
|---|---|---|
| 0 | 29 | 1,43 |
| 1 | 129 | 0,32 |
| 2 | 22 | 1,86 |
| 2 | 523 | 0,08 |

Während der LNA und der DIFF für jeden der zwei Empfangspfade kommerziell erworben wurden (siehe 5.6), war eine eigene Anfertigung des BSF notwendig. Der entworfene Filter ist ein Butterworth-Filter vierter Ordnung, dessen Schaltplan in Abb. 4.17 dargestellt ist. Als 0. Stufe wurde dabei ein Parallelschwingkreis vorgesehen, um keine zu hohen Stromstärke direkt zu erden. Die Werte für die Kapazitäten und Induktivitäten sind in 4.4 aufgelistet. Der simulierte Frequenzgang dieses Filters ist in Abb. 4.5.2 gegeben.

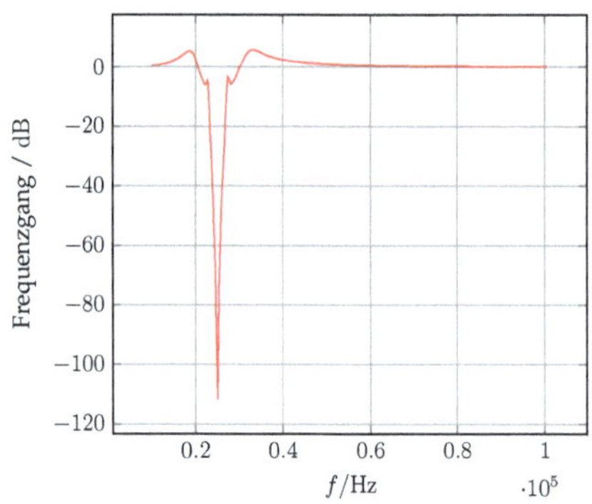


Abbildung 4.18: Simulierter Frequenzgang des Empfangsfilters.

Es zeigt sich, dass die gewählten Frequenzen für Anregungs- und Selektionsfeld von 25 kHz und 100 Hz zu realisierbaren Kapazitäten und Induktivitäten in der analogen Signalverarbeitung für den gesamten Aufbau führen.

# 5 Scannerkonstruktion



Nach der vorherigen, theoretischen Beschreibung des Bildgebungsprozesses und der Planung des Feldgenerators sowie der Signalpfade befasst sich dieses Kapitel mit der Implementierung eines FFL-MPI-Scanners. Neben der Verfahrenstechnik für die Realisierung der einzelnen passiven und aktiven Hardwarekomponenten sind hierbei der Auswahl der stromführenden Leiter, den verwendeten Materialien, sowie den Schirmungs- und Erdungskonzepten besondere Aufmerksamkeit zu widmen.

## 5.1 Berücksichtigungen bei der Spulenimplementierung

Um eine möglichst geringe Abweichung des realisierten Magnetfeldes von den Simulationen zu erreichen, wurde versucht die Spulengeometrien für die Selektionsfeldspulen sowie für die Anregungsfeldspulen simulationsgetreu zu konstruieren. Als Leitermaterial wurde verdrillte Kupferdrahtlitze gewählt, um den Skin-Effekt zu minimieren. Dieser Effekt tritt in elektrischen Leitern auf und reduzieren den effektiven, stromführenden Leiterquerschnitt durch Wirbelströme.

### 5.1.1 Skin-Effekt

Der Skin-Effekt beschreibt die wirbelstrominduzierte Verdrängung des Stroms an die Oberfläche eines Leiters. Die im Leiter durch einen Stromfluss ausgebildeten Magnetfelder erzeugen bei einem zeitlich veränderlichen Strom ein gegen das initiale elektrische Potential gerichtetes Gegenpotential. Das symmetrische Verdrängen der Stromdichte in einem zylindrischen Leiter, welche bevorzugt in dem hier beschriebenen Scanner eingesetzt werden, ist intuitiv erklärbar. Fließt eine hohe Stromdichte im Zentrum des Leiters, so generiert diese ein Magnetfeld, welches konzentrisch um die Symmetrieachse des Zylinders verläuft. Ist die Stromdichte und dadurch das Magnetfeld zeitlich veränderlich so erzeugt dies Wirbelströme. Durch die Wirbelströme ergeben sich Änderungen der Stromdichte. An der Oberfläche verstärkt der Effekt die initiale Stromdichte, im Zentrum wird die initiale Stromdichte verringert. Somit wird die Stromdichte an die Oberfläche verdrängt.

Da dies ein selbstverstärkender Vorgang ist, nimmt Stromdichte $J$ im stromdurchflossenen Leiter mit der Distanz $d$ zum Leiterrand exponentiell ab:

$$J_{\text{eff}} \propto e^{-d/\delta_{\text{L}}}. \tag{5.1}$$

Damit ist die Leiterschichtdicke $\delta_{\text{L}}$ von entscheidender Bedeutung bei der Wahl des Leiters in MPI. In Materialien mit hoher elektrischer Leitfähigkeit kann diese mit

$$\delta_{\text{L}} = (\pi f \sigma_{\text{e}} \mu)^{-1/2} \tag{5.2}$$

in guter Näherung beschrieben werden. Dabei sind $\sigma_{\text{e}}$ die elektrische Leitfähigkeit des Leitermaterials, $\mu$ die absolute Permeabilität des Leitermaterials und $f$ die Frequenz der angelegten Spannung. An der Abhängigkeit zu $f$ ist zu erkennen, dass der Effekt erst bei hohen Frequenzen eine entscheidende Rolle spielt. Damit definiert $\delta_L$ eine obere Grenze für den Leiterdurchmesser und beträgt bei 25 kHz in Kupfer 418 µm. Daher und aufgrund ihres Biegeradius wurden Litzen mit Einzeldrahtdurchmesser von 50 bzw. 20 µm gewählt. Durch die Anzahl der verdrehten Einzeldrähte in einem Kabel konnte die Dicke des Kabels und der Widerstand pro Kabellänge festgelegt werden. Durch den die Einzeldrähte untereinander isolierenden Lack in den Litzekabeln muss der Füllfaktor $f_F$ berücksichtigt werden. Dieser gibt an, welcher Anteil des über der Gesamtfläche definierten Kabels tatsächlich mit Leitermaterial gefüllt ist. Die im Scanner verbauten Litzentypen sind in Tab. 5.1 definiert.

Tabelle 5.1: Einteilung der Litzentypen nach Einzeldrahtdurchmesser $d_E$ und Anzahl von Einzelleitern pro Kabelquerschnitt mit Angabe der Anwendungsgebiete Anregungsfeldspulen (AFS), Selektionsfeldspulen (SFS), Empfangsspulen (ES) und Filterspulen (FS).

| | Typ I | Typ II | Typ III |
|---|---|---|---|
| $d_E$ / µm | 50 | 50 | 20 |
| Anzahl Einzelleitern | 1000 | 2000 | 500 |
| Gesamtdurchmesser / mm | 1,5 | 2,25 | 0,68 |
| Gleichstromwiderstand / $\mathrm{m\Omega\,m^{-1}}$ | 8,706 | 4,353 | 108,8 |
| Füllfaktor $f_F$ | 0,55 | 0,55 | 0,75 |
| Anwendungsgebiete | AFS, SFS, FS | SFS | ES |

### 5.1.2 Verfahrenstechnik zur Spulenimplementierung

Zur Anfertigung der Spulen aus den beschriebenen Litzen wurde folgendes Verfahren ausgewählt. Die Litze wurde in eine Negativ-Form der anzufertigenden Spule gewickelt. Ein Epoxidharzklebstoff wurde auf die übereinandergewickelten Schichten der Litzenkabel angebracht und die gesamte gewickelte Spule wurde mit einer Presse auf das simulierte Volumen gepresst. Dabei wurde die Form geheizt. Der Druck gewährleistete dabei die genaue Form der Spule und die Hitze über den genannten Zeitraum ließ den 2-Komponenten-Klebstoff aushärten. Die Parameter der Fertigung sind in Tab. 5.2 aufgelistet. Mit diesem Verfahren wurden sämtliche Spulen im Feldgenerator und sämtliche Filterspulen ohne Ringkern angefertigt.

Um das Negativ der individuellen Spulen anzufertigen, musste berücksichtigt

Tabelle 5.2: Parameter der Spulenfertigung.

| | |
|---|---|
| Presskraft / kN | 50 |
| Temperatur / °C | 80 |
| Dauer / min | 60 |

werden, dass beim Pressverfahren keine einzelnen Litzdrähte einer hohen mechanischen Spannung ausgesetzt wurden. Dies hätte zum Bruch von Einzelsträngen geführt, was wiederum die Reinheit des Signals durch Mikro-Spannungsüberschläge und den Widerstand der Spule durch die Reduktion des Leiterquerschnitts negativ beeinflusst hätte. Dies bedingt Anpassungen der geplanten Spulenformen an die zu nutzenden Litzenkabel, wie in 5.3.1 dargestellt.

## 5.2 Aufbauübersicht

Das zentrale Element des gesamten Aufbaus ist der Feldgenerator und die sich darin befindliche Empfangseinheit. Der gesamte Aufbau wurde in einer Schirmkabine aufgebaut, um sämtliche Komponenten vor externen Störsignalen zu schirmen. Die Schirmkabine bestand aus mit Kupfer beschichteten Aluminiumplatten, welche durch Messingschrauben und Kontaktfedern zusammengebracht wurden. Weiterhin bot die Schirmkabine einen Erdungspunkt für weitere zu implementierende elektronische Komponenten.

Wie in Kapitel 4 schematisch beschrieben, waren für den Bildgebungsbetrieb direkt am Scanner zwei Impedanzanpassungsnetzwerke, vier Leistungsfilter, zwei BSF, zwei DIFFs, zwei LNAs und ein Roboter zur Positionierung des zu scannenden Objektes geplant. Hinzu kommen die Kabelwege für jede Komponente sowie die Pi-Filter und BPF (Bandpassfilter) als Durchgangsfilter direkt an der Außenseite der Kabine. Durch die hohe Anzahl an zu implementierenden Komponenten wurde der Aufbau umfassend mit der Konstruktionssoftware SolidWorks® geplant. Eine Übersichtsdarstellung der Planung des gesamten Aufbaus ist in Abb. 5.1 gezeigt.

Eine Übersicht über die Komponenten direkt am Scanner ist in Abb. 5.2 gegeben. Unten links ist der Schirmungskasten der Impedanzanpassungen gezeigt. Nachdem die Signale für die Anregungsfeldspulen die hier nicht abgebildeten BPF an der Kabinenwand passiert haben, wird es in die Impedanzanpassungen, welche die Anregungsfeldspulen beinhalten, gespeist. Die Leiterführung geschieht innerhalb von Schirmungsröhren, welche an der Rückwand angebracht wurden. Die zwei Impedanzanpassungen wurden nah am Scanner positioniert, um die

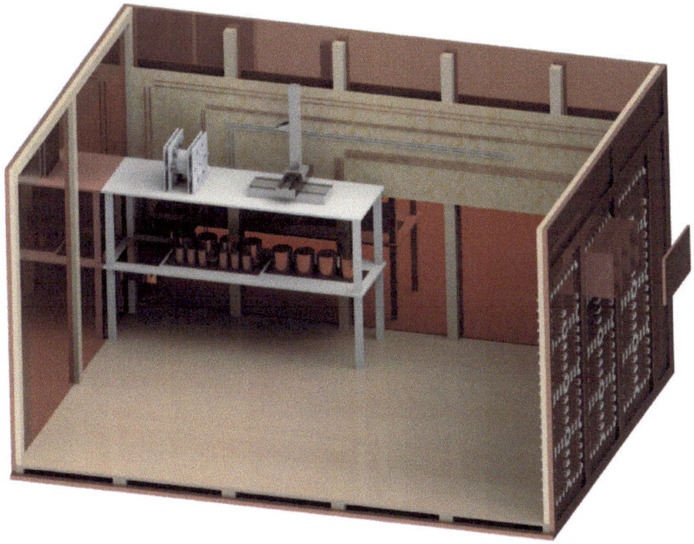

Abbildung 5.1: Planung des Versuchsaufbaus in der Schirmkabine. Durch die hohe Anzahl an Komponenten war die Planung der Positionierung sämtlicher Komponenten und Kabelwege notwendig. Es galt, jede Komponente individuell zu schirmen und zu erden. Nicht gezeigt sind die Leistungsverstärker und der Computerarbeitsplatz jeweils außerhalb der Kabine

Länge der Leiter in den Hochstromkreisen möglichst kurz zu halten.

Rechts daneben sind als erste Instanzen nach den Empfangsspulen die BSF zu sehen, welche ebenfalls von Kupferschirmungen umgeben sind. Nicht dargestellt sind die LNAs, in welchen danach die gefilterten Signale verstärkt und an die DIFFs weitergeleitet werden. Diese befinden sich in jeweils einem der Schirmungstürme der BSF, von welchen aus die Partikelsignale in den grau dargestellten Kabeln zur Schirmkabinenwand und letztlich zum Computer außerhalb der Kabine geführt werden. Die Positionierung der Komponenten bis zu den DIFFs wurde nah am Scanner gewählt, um die Gesamtstrecke der Leiter kurz zu halten, in welchen Störsignale einkoppeln können.

Zur Bestromung des Selektionsfeldes werden die Quadrupolsignale, welche bereits an den hier nicht dargestellten Pi-Filtern an der Kabinenwand gefiltert wurden, in den Schirmungsröhren unten an der Rückwand zu den Leistungsfiltern geführt und werden dann direkt in die Selektionsfeldspulen geleitet.

Abbildung 5.2: Planung der Positionierung des Scanners, der Elektronik nah des Scanners, des Roboters und der Kabelführung.

### 5.2.1 Rauschenquellen und Störsignale

Im Folgenden ist eine Liste von Rauschquellen und Mechanismen zur Einkopplung von Störsignalen in die Signalpfade beschrieben. Dazu kann folgende Einteilung vorgenommen werden [131, 132, 133]:

- Thermisches Rauschen: Durch das Verwenden sämtlicher stromführender Komponenten entsteht thermisches Rauschen. Dies ist gemäß dem Fluktuations-Dissipations-Theorem [134] proportional zur Temperatur und zum Widerstand der Elektromagneten und kann lediglich durch eine Optimierung dieser Faktoren reduziert werden.
- Ausgleichsströme: Werden für den Aufbau verschiedene Punkte als Erdungspunkte genutzt, so ist eine Potentialdifferenz zwischen den Erdungspunkten möglich. Diese unerwünschte Spannung ist über das Verwenden von gemeinsamen Erdungspunkten (Sternpunkten) zu vermeiden. Ist ein gemeinsamer Erdungspunkt nicht umsetzbar, so ist über ein niederimpedantes Kurzschließen der verschiedenen Erdungspunkte eine Potentialdifferenz zu vermeiden.
- Induktive Kopplung: Magnetfelder beispielsweise von Kühlungsventilatoren, welche am Scanner vorgesehen sind, können Spannungen in nahegelegenen Leitern erzeugen. Daher muss deren Abstand groß gehalten werden.
- Kapazitive Kopplung: Elektrische Felder von nahegelegenen Leitern sind eine Ursache für eine Einkopplung von Störsignalen. Diese sind durch Schirmung kompensierbar. Da das Potential der Schirmung stark mit dem des eingeschlossenen Leiters koppelt, ist eine gründliche Erdung notwendig.

Zur Signalführung wurde bei der Scannerkonstruktion generell darauf geachtet, dass zwei verdrillte und geschirmte Kabel zu bevorzugen sind. Aufgrund der obigen Überlegungen ist dabei äußerst wichtig, den Schirm an der selben Stelle zu erden wie das Signal. Wird das Signal potentialfrei zur Erde gehalten, so muss der Schirm an eine Seite des Signal angeschlossen werden.

Als Erdungsleiter wurden flache, breite Kupferleiter bevorzugt. Diese garantieren durch die aufgespreizte Führung der Signale innerhalb der einzelnen Leiter eine geringe Induktivität, wodurch geleitete Interferenzen durch niederimpedante Massenverbindungen minimiert werden. Ein solcher Leiter ist in Abb. 5.3 gezeigt. Die Auswahl der Schirmung und deren Auswirkungen auf den Aufbau sind im folgenden Abschnitt näher erläutert.

Abbildung 5.3: Erdung über flache, breite Leiter.

### 5.2.2 Abschirmung von Wechselfeldern

Um generell Streufelder im gesamten Aufbau zu vermeiden, können Metallbleche genutzt werden. Bringt man Metallbleche in ein magnetisches Wechselfeld, so entstehen Wirbelströme, welche wiederum ein Gegenfeld relativ zum erzeugenden Feld generieren [135].

Ist die Eindringtiefe des Magnetfeldes ins Material sehr gering, so kann die Magnetfeldstärke an der Oberfläche $H_0$ über die Biot-Savart-Formel (3.13) berechnet werden [136]. Die Amplitude der Stromdichte $J$ in der Schichttiefe $d$ beträgt dann

$$|J(d)| = \delta_{\mathrm{L}}^{-1} H_0 \exp^{-\frac{d}{\delta_{\mathrm{L}}}} . \tag{5.3}$$

Es liegt der selbe Prozess wie beim Skin-Effekt zugrunde, sodass $\delta$ aus (5.2) genutzt wird. Die Stromdichte ist ebenfalls exponentiell von der betrachteten Schichttiefe abhängig. Es ist zu beachten, dass die Abhängigkeit der Schirmung von der Frequenz $f$ sich im Gegensatz zum Skin-Effekt hier günstig auswirkt. Streufelder mit höheren Frequenzen als die Grundfrequenz wirken sich störend auf die Bildgebung aus. Die maximale Eindringtiefe haben also Streufelder mit einer Frequenz von $25\,\mathrm{kHz}$ mit $418\,\mu\mathrm{m}$. Daher wurde $2\,\mathrm{mm}$ dickes Kupferblech zur Schirmung als genügend erachtet, um Schirmung zu gewährleisten.

Die in diesen elektromagnetischen Schirmen entstehenden Wirbelstromverluste werden vom magnetfeldgenerierenden Stromkreis getragen und müssen generell beim Design von Aufbauten mit Schirmungen berücksichtigt werden [118, 119]. In den hier vorgestellten Aufbauten wurde daher darauf geachtet, die Schirmung in sätmlichen Komponenten der analogen Signalverarbeitung entfernt von möglichen Streufeldern zu platzieren. Die im Feldgenerator vorgesehenen Spulen sind von keinen Schirmungsblechen umgeben, weshalb hier keine Berücksichtigungen von Wirbelstromverlusten getroffen werden.

Die in 5.4, 5.5 und 5.6 vorgestellten analogen Filter wurden mit Kupferblech geschirmt. Da die generelle Aufgabe der Anregungsfeldfilter war, die Signalreinheit am Feldgenerator zu gewährleisten, wurde jede Filterstufe individuell mittels Kupferblech geschirmt. Da Ringkernspulen genutzt wurden, konnte davon ausgegangen werden, dass nur geringe Streufelder auftraten. Daher wurde auch hier von einer Berechnung von einer Verlustleistungserhöhung durch Schirmungseffekte abgesehen.

## 5.3 Realisierung des Feldgenerators

Der geplante Feldgenerator beinhaltete 24 Sattelspulen und zwei scheibenförmige Permanentmagneten. Die Fertigung jeder Spule geschah in Negativ-Formen der zu wickelnden Spulen. Die simulationsgemäßen Formen wurden leicht für eine Realisierbarkeit mit Litzenkabeln angepasst, die Spulen in den Formen gefertigt und zusammen verbaut.

### 5.3.1 Anpassung des Spulennegativ an Litzenkabel

Die Formen für die Erstellung der Sattelspulen für den Feldgenerator mussten modifiziert werden, da deren Design enge Nieschen an den äußeren Spulenrändern vorsah. Bei der Spulenherstellung gemäß der in 5.1.2 beschriebenen Verfahrenstechnik wären so Litzendefekte aufgetreten. Im tatsächlich zu realisierenden

Spulennegativ wurden keine spitzen Winkel zugelassen. Dabei wurde das zu wickelnde Litzenvolumen aus der geplanten Spule konstant gehalten, um die gewünschten elektromagnetischen Eigenschaften nicht wesentlich zu verändern.

In Abb. 5.4 ist der Querschnitt einer Sattelspule dargestellt. Die blaue Form entspricht dem Querschnitt einer beispielhaften, simulationsgetreuen Spule. Die spitzen Winkel am unteren Ende der Spule würden beim Pressvorgang die dort platzierte Litze teilweise zerbrechen lassen. Die Bereiche zwischen $x_a$ und $x_{a+}$ bzw. zwischen $-x_a$ und $-x_{a+}$ wurden eingefügt, um eine Auflagefläche für die Litze zu schaffen. $x_b$ und $-x_b$ markieren die Dicke der Spule. Diese ist damit zwischen $-x_b$ und $x_b$ genau $d$ tief und hat zwischen $x_b$ und $x_{a+}$ die Tiefe $l$.

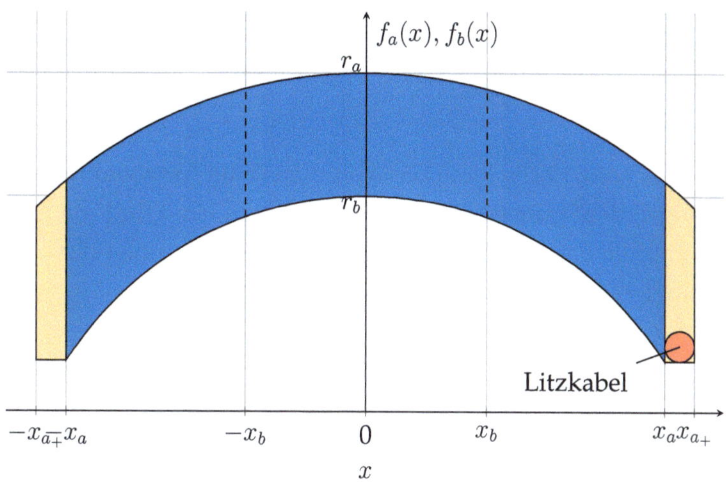


Abbildung 5.4: Querschnittsfläche einer Sattelspule. Bei der seitlichen Erweiterung der Spule wird der äußere Rand der Spule von $x_a$ bis $x_{a+}$ ausgedehnt. So entsteht eine Auflagefläche, durch welche die Litze beim Pressen nicht beschädigt wird.

Das Litzenvolumen für eine Sattelspule wurde über das Flächenintegral des Spulenquerschnitts berechnet. Das Problem kann durch die gerade Symmetrie der zu berechnenden, blau markierten Fläche der simulierten Spule auf

$$A = 2\int_0^{x_a} f_a(x)\mathrm{d}x - 2\int_0^{x_a} f_b(x)\mathrm{d}x \tag{5.4}$$

$$= g_a(r_a) - g_b(r_b) \tag{5.5}$$

reduziert werden. Hierbei sind $f_a(x)$ und $f_b(x)$ die randbeschreibenden Funktionen

$$f_i = \sqrt{r_i^2 - x^2} + c_i \;\; i \in \{a, b\}, \tag{5.6}$$

wobei $r_\text{a}$ und $r_\text{b}$ der äußere und innere Spulenradius ist. Durch $c_i$ ist die Höhe der Spule bei $x = 0$ anpassbar.

Die Lösungen der Integrale, welche jeweils einen Abschnitt des wohlbekannten Integrals zur Berechnung des Kugelvolumens darstellen, lauten

$$g_a(x_a, c_a) = r_a^2 \left( \left( \frac{x_a}{r_a} \right) \sqrt{1 - \frac{x_a^2}{2r_a^2}} + \arcsin\left( \frac{x_a}{r_a} \right) \right) + c_a\, x_a \tag{5.7}$$

$$g_b(x_a, c_b) = r_i^2 \left( \left( \frac{x_a}{r_b} \right) \sqrt{1 - \frac{x_a^2}{2r_b^2}} + \arcsin\left( \frac{x_a}{r_b} \right) \right) + c_b\, x_a. \tag{5.8}$$

Aus der Querschnittsfläche kann das Volumen unter Verwendung der Dicke $d$ und der Länge $l$ der Spule berechnet werden. Dazu kann (5.7) mit $x_a$ berechnet werden, woraufhin das Volumen des inneren Hohlraums unter der Verwendung von $x_b$ subtrahiert werden kann. Es ergibt sich

$$V_\text{Litze}(c_a, c_b) = 2l\,(g_a(x_a, c_a) - g_b(x_a, c_b)) - 2(l - 2d)\,(g_a(x_b, c_a) - g_b(x_b, c_b))\,, \tag{5.9}$$

wobei $c_a$ und $c_b$ anpassbare Parameter bleiben, welche die Höhe $h$ der Spule bestimmen.

Werden nun die in Abb. 5.4 markierten Flächen an den Seiten der Spulen eingefügt, so ergibt sich analog zu (5.4) bei konstanten $c_a$ und $c_b$ eine vergrößerte Querschnittsfläche und damit ein vergrößertes Litzenvolumen. Die Volumina der eingefügten Bereiche berechnen sich analog zum bisherigen Vorgehen. Durch eine Manipulation von $c_a$ und $c_b$ kann das Gesamtvolumen der ausgedehnten Spule auf das Volumen der simulierten Spule reduziert werden. Mit diesen Veränderungen konnte jedes Spulennegativ der Sattelspulen der Litze angepasst werden.

### 5.3.2 Herstellung der Feldgeneratorkomponenten

Zentral bei der Herstellung der Spulen ist das Vermeiden des Kontaktes der Litzenkabel mit magnetisierbaren Materialien. Für die geplanten Press- und Heiztechnik waren allerdings stabile und wärmeleitende Eisenbauteile notwendig. Daher wur-

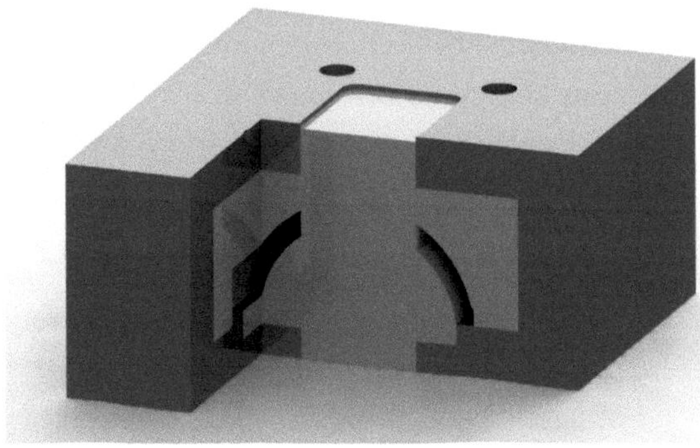

Abbildung 5.5: Zusammengefügten Spulenform mit Hohlraum, in welchen vor dem Pressvorgang die Litze zu wickeln ist. Die weiß bzw. grau dargestellten Komponenten bestehen aus POM (Polyoxymethylen) bzw. aus Eisen.

Abbildung 5.6: Eine Übersicht über sämtliche, für die Erstellung des Feldgenerators genutzten Spulenformen.

de jede Form zum überwiegenden Teil aus Eisen gefertigt, enthielt jedoch einen Satz von POM-Bauteilen, welche zum einen die Form der Spule definierten und zum anderen den Kontakt der Litze im Innern der Baugruppe mit Eisenbauteilen minimierte. Auch beim späteren Wickeln und Pressen der Spulen wurden die Möglichkeiten des Kontaktes der Spulendrähte mit magnetisierbaren Materialien durch Reinheitsvorschriften minimiert.

Eine Schnittansicht einer beispielhaften Form ist in Abb. 5.5 dargestellt. Alle Bauteile der Spulennegative wurden mit der Software SolidWorks® konstruiert und in den wissenschaftlichen Werkstätten der Universität zu Lübeck angefertigt. Das rechnergestützte Konstruieren geschah im Rahmen eines Praktikums im Masterstudium [E9]. Die Bauteile wurden zusammengesetzt und die Litzenkabel in die

Form gewickelt. Daraufhin wurde die obere Pressform aufgelegt und das in 5.1.2 beschriebene Press- und Heizverfahren angewandt. Das Anfertigen der Spulen und deren Montage zum Feldgenerator geschah im Rahmen der Masterarbeit [137]. Eine Übersicht über die konstruierten Spulenformen für den Feldgenerator ist in Abb. 5.6 gegeben.

Abbildung 5.7: Foto einer gefertigten Feldgeneratorspule.

Tabelle 5.3: Parameter für Feldgenerator-Spulentypen. Geordnet nach inneren und äußeren Spulen für Anregungsfeld (innen AFi und außen AFa) und Selektionsfeld (innen SFi und außen SFa). Als Litzentypen wurden Litzekabel mit 1000 bzw. 2000 (Typ I und II) Einzelsträngen mit einem Individualdurchmesser von 50 µm genutzt.

| Spulentyp | $R_s^{\text{einzeln}}$ / mΩ | $L_{\text{multipol}}$ / µH | Litzentyp |
|---|---|---|---|
| AFi | 21 | 10,7 | Typ I |
| AFa | 25 | 8,8 | Typ I |
| SFi | 146 | 76,6 | Typ I |
| SFa | 204 | 140,6 | Typ II |

### 5.3.3 Montage des Feldgenerators

Die millimetergenaue Montage der Sendespulen zu einem Feldgenerator erfolgte im Rahmen der Masterarbeit von M. Weber [137]. Hierzu wurden Abstandhalter aus POM gefertigt und mittels Heißklebstoff auf den Spulen befestigt. Somit konnten die Spulenstapel der Quadrupole für das Selektionsfeld realisiert werden. Die Adjustierung der Selektionsfeldspulen und Anregungsfeldspulen relativ zueinander geschah mit Negativen, auf welche die Spulen aufgesteckt werden konnten und so einen fixen Platz relativ zur röhrenförmigen Messkammer einnahmen. Die Planung der Scannermontage um diese Stützen und die individuellen Modelle dieser Negative sind in Abb. 5.8 dargestellt.

Hierbei wurden die Schlitze zwischen den Spulen für eine optimale Kühlung des

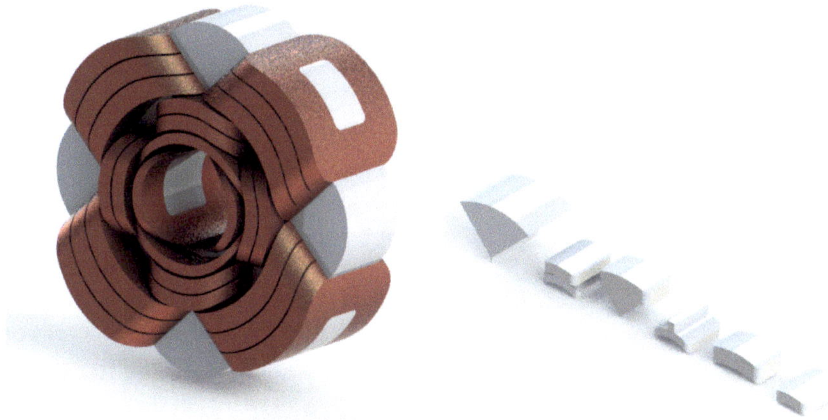

Abbildung 5.8: Feldgenerator mit Spulenstützen.

Systems nicht mit Spulenhalterungen verbaut. Durch das Einsetzen der POM-Bauteile in den V-förmigen Ausschnitten zwischen den Spulenstapeln der Quadrupole wurde der Luftfluss hier verhindert, um eine hohe Strömungsgeschwindigkeit der Luft direkt an den Spulen zu ermöglichen. Der zusammengesetzte Feldgenerator ist in Abb. 5.9 gezeigt [E10, E11, E12].

Bisher vernachlässigt wurden die zwei Permanentmagneten vor und hinter dem Scanner. Die Auswahl und Adjustierung der Permanentmagneten ist in [137] geschehen. Es wurden ringförmige Permanentmagneten mit einer Remanenz von $1\,\mathrm{T}\,\mu_0^{-1}$ ausgewählt. Die relevanten Eigenschaften der Magneten sind in Tab. 5.4 gegeben. Fertigungsbedingt wiesen die Magneten einen Fehler in ihrer Remanenz auf. Um mit diesen Magneten den gewünschten Gradienten von $1\,\mathrm{T\,m^{-1}}\,\mu_0^{-1}$ am Mittelpunkt des Feldgenerators zu erreichen, wurden die Permanentmagneten initial adjustiert und der generierte Gradient vermessen. Somit konnte auf die Remanenz geschlossen und die Magneten final adjustiert werden.

Tabelle 5.4: Parameter der ringförmigen Permanentmagneten am Feldgenerator. Jeweils drei derartiger Magneten wurden zu einem Stapel zusammengesetzt und durch eine Kupferhülle geschirmt.

| Parameter | Werte |
|---|---|
| Innerer Durchmesser / mm | 28,5 |
| Äußerer Durchmesser / mm | 85,0 |
| Dicke / mm | 8,67 |
| Remanenz / $\mathrm{T}\,\mu_0^{-1}$ | $\approx$1,0 |

Abbildung 5.9: Zusammengesetzte Feldgenerator.

## 5.4 Implementierung des Selektionspfades

Um die Bildgebung mit einer elektronisch rotierten FFL initial zu testen, wurde zunächst eine diskrete FFL-Rotation implementiert und diese Implementierung dann auf eine kontinuierliche Rotation erweitert.

### 5.4.1 Diskrete FFL-Rotation

Für die diskrete Rotation wurde die gesamte Bildgebungssequenz, welche in 4.15 dargestellt ist, diskretisiert. Dies bedeutet für den Signalverlauf in den Anregungsfeldspulen, dass für jeden Winkel ein sinusoidales Signal mit maximalen Stromstärken $I_x(t_{\text{Imax}})$ bzw. $I_y(t_{\text{Imax}})$ nach (4.10) bzw. (4.11) in den Spulen appliziert wurde. Für die Signale in den Selektionsfeldspulen bedeutet eine Diskretisierung des Rotationswinkels eine konstante Stromstärke pro Winkel $\gamma_i$, welche über (4.15) durch Einsetzten von $t_{\text{Imax}}$ berechnet wurde. Die höchste dabei auftretende Verlustleistung lag in den äußeren Selektionsfeldspulen vor, wo eine Stromstärke von $56{,}4\,\mathrm{A}$ floss. Um den Schmelzpunkt des Klebstoffes der Spulen nicht zu erreichen, wurde der Temperaturverlauf an der Oberfläche der Spulen mit einer Infrarotkamera bei eingeschalteter Luftkühlung überwacht. Dieser Verlauf ist in Abb. 5.4.1

dargestellt und zeigt, dass eine kritische Temperatur von 100 °C selbst bei einer kontinuierlichen Messzeit von 300 s nicht überstiegen wird.

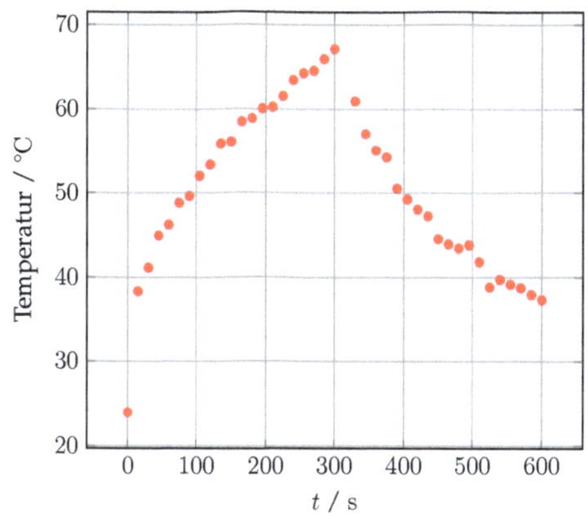


Abbildung 5.10: Mit einer Infrarotkamera gemessener Temperaturverlauf an der Oberfläche der luftgekühlten, äußeren Selektionsfeldspulen bei einer Stromstärke von 56,4 A.

Für die diskrete Rotation wurden DC-Stromquellen (SM 800, Delta Elektronika) genutzt, welche über eine Computersteuerung auf die gewünschte Stromstärke einstellbar waren. Als nächste Komponente in den Signalpfaden der Selektionsfeldspulen folgten die Durchführungsfilter, welche für die Dämpfung potentieller Störsignale vorgesehen waren. Die kommerziell erworbenen Filter GB.E2.100A.AB.26.x.08 der Firma Bajog electronic wiesen eine Dämpfung von 24 dB bei 10 kHz, 44 dB bei 25 kHz und 100 dB ab 200 kHz über die gesamte relevante Bandbreite auf [138].

Um die Einkopplung der Anregungsfeldfrequenzen in den Selektionspfad über den Feldgenerator zu vermeiden, wurden in 4.4.2 Leistungsfilter vorgestellt. Diese wurden in einer Kupferschirmung konstruiert und auf eine Resonanzfrequenz von 25 kHz abgestimmt. Die realisierte Filterbank mit einem geöffneten und einem geschlossen geschirmten Resonanzkreis ist in Abb. 5.11 dargestellt. Unter den Filterspulen eines jeden Filters befindet sich ein Ventilator, welcher den Temperaturanstieg im Filter aufgrund der absorbierten Leistung aus dem Anregungssignal reduziert. Diese Ventilatoren sind durch Messinggitter abgeschirmt.

### 5.4.2 Kontinuierliche FFL-Rotation

Für eine kontinuierliche Rotation der FFL wurden die DC-Stromquellen durch Leistungsverstärker (AE Techron 7796) ersetzt und die Signale mit kalibrierbarer

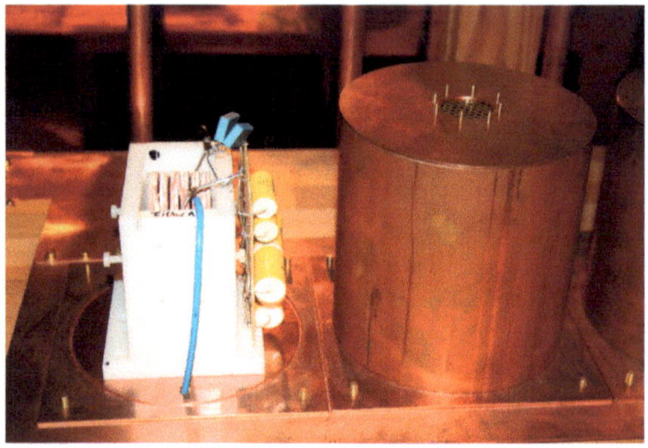

Abbildung 5.11: Ein geöffneter und ein geschlossen geschirmter Leistungsfilter. Hier wird die Einkopplung des Anregungsfeldsignals in den Selektionspfad gedämpft und in Wärme umgewandelt, welche durch geschirmte Ventilatoren unter den Spulen abgeführt wird.

Phase und Amplitude am Computer gemäß (4.15) erzeugt. Da der induktivitätsbedingte Blindwiderstand der Quadrupole nicht den Lastanforderungen der Verstärker entsprachen, wurden Leistungswiderstände mit einem DC-Widerstand von $500\,\text{m}\Omega$ direkt hinter die Verstärker geschaltet. Dies entspricht einer stark verlustbehafteten Anpassung, führte jedoch zu einer schnellen Umsetzbarkeit und ist insofern unproblematisch, als dass die Verstärker weit unter ihrem maximalen Leistungslevel arbeiteten und die Hitzeentwicklung in den Widerständen kontrollierbar war. Somit wurde der Anteil des Blindwiderstandes am Gesamtwiderstand reduziert. Die genaue Betrachtung der Signalverstärkung an diesen Verstärkern erfolgt in 5.5.

Um eine Rotation der FFL mit $50\,\text{Hz}$ zu erreichen, wurden im $x$- und $y$-Kanal sinusoidale Signale mit einer Frequenz von $100\,\text{Hz}$ und relativ zueinander mit einer Phase von $\pi/2$ erzeugt. Die Erklärung der Frequenzverdoppelung erfolgt in 4.4.1.

## 5.5 Implementierung des Anregungspfads

Die Signale der Anregungsfeldspulen (4.10) und (4.11) wurden am Computer generiert und an den Leistungsverstärkern AE Techron 7796 verstärkt. Relevante Parameter dieser Verstärker sind in Tab. 5.5 aufgelistet.

Die durch die Verzerrung entstehenden höheren Harmonischen der Anregungsfrequenzen werden im Sendefilter gedämpft. Die Implementierung des in 4.8 entworfenen Sendefilters ist anhand von Abb. 5.12 dokumentiert. Die Realisierung

Tabelle 5.5: Relevante elektromagnetische Parameter der Leistungsverstärker.

| | |
|---|---|
| Verstärkung / $\mathrm{V\,V^{-1}}$ | 20 |
| Rauschamplitude / $\mu\mathrm{V}$ | $< 75$ |
| DC Drift / $\mathrm{mV}$ | 1,5 |
| THD bei 25 kHz | $< 0{,}1\,\%$ |
| Bevorzugter Lastwiderstand / $\Omega$ | 8 |

als Durchführungsfilter sorgt für eine Dämpfung von Störsignalen innerhalb der Schirmkabine.

(a) Realisierter Serienschwingkreis.

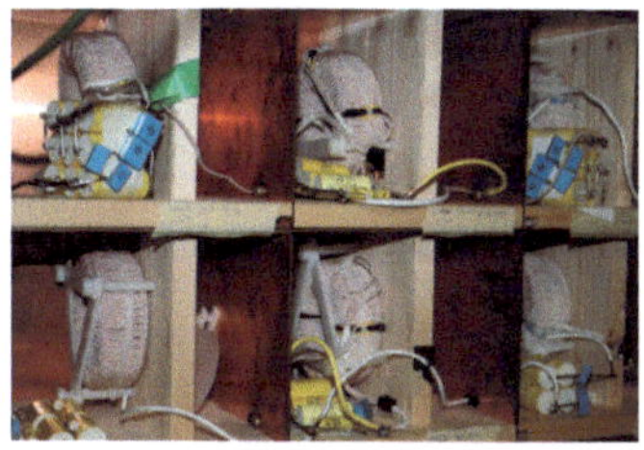

(b) Gesamte realisierte Einheit.

(c) Planung des Aufbaus.

Abbildung 5.12: Planung und Implementierung des Sendefilters als Gateway zur Schirmkabine. Durch die umfassende Kupferschirmung wird das induktive Einkoppeln externer Störsignale und das Querkoppeln der einzelnen Filterstufen verhindert.

Die durch diese Filter erzielten Dämpfungen von höheren Frequenzen sind in den Frequenzgängen in Abb. 5.5 dargestellt.

Direkt unter dem Feldgenerator befindet sich die Impedanzanpassung. Durch diese Positionierung wird die Länge des Leiterweges im Hochstromkreis möglichst gering gehalten. Die Impedanzanpassung ist ebenfalls durch eine Kupferhülle geschirmt. Für die Implementierung und Abstimmung der Impedanz auf die vom Verstärker bevorzugten $8\,\Omega$ und des Phasenwinkels auf $0^\circ$ wurden Kondensatoren des Typs CSM 150 der Firma Celem verwendet. Durch die rigide Kupferstruktur der Kondensatoren konnte eine Implementierung mit geringer Signalverzerrung erreicht werden.

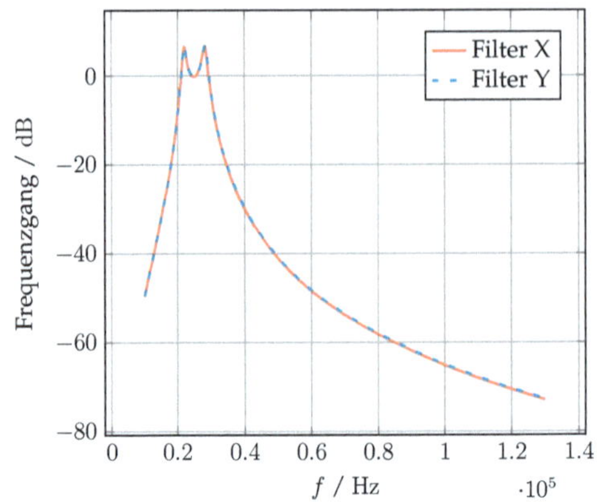


Abbildung 5.13: Die gemessenen Frequenzgänge der Filter zeigen, wie stark Störsignale im Anregungspfad oberhalb von 25 kHz gedämpft werden.

## 5.6 Implementierung des Empfangspfads

Die in 3.3.4 entwickelte Rekonstruktion setzt eine homogene Sensitivität der Empfangsspulen voraus. Um dies im gesamten FOV zu erreichen, wurden in 4.5.2 Empfangsspulen vorgestellt. Die dort beschriebene sinusoidale Verteilung von Leitern auf einem Zylinder zu erreichen, wurde auf das Pressverfahren verzichtet und ein Negativ der zu implementierenden Spulen mit einem 3D-Drucker angefertigt. Das Design und die gedruckte Form ist in Abb. 5.14 gezeigt und wurde in [E13] vorgestellt. In die vorgesehenen Einlassungen konnte Litze des Typs III gewickelt werden.

Jede Spule besitzt neben ihrer Induktivität auch eine Kapazität. Diese resultiert aus sämtlichen Distanzen zwischen sämtlichen Bahnen, in welchen Ladungen transportiert werden können. Als Ersatzschaltbild einer Spule kann daher ein Parallelschwingkreis dienen. Dabei ist die im Vergleich zur Induktivität kleine Kapazität bei niedrigen Frequenzen vernachlässigbar. Ab einer gewissen Grenzfrequenz jedoch setzt ein kapazitives Verhalten ein. Die Frequenz, bei welcher die Eigenresonanz auftritt, gilt es bei der Spulenimplementierung in dem hier präsentierten Scanner lediglich auf der Empfangsseite zu beachten, da hier ein Signal detektiert wird, welches genügend hohe Frequenzanteile aufweist. Die frequenzabhängige Impedanz einer Empfangsspule, welche bereits in den Scanner eingebaut wurde, ist in Abb. 5.6 gegeben. Im Bereich von 25 kHz ist das Auftreten des hohen Widerstandes mit der Kopplung der eingebauten Emfpangsspule mit den benachbarten Sendespulen und somit mit den Sendefiltern zu erklären. Zu erkennen ist, dass im höherfrequenten Spektrum keine Widerstandserhöhung auftritt, womit sichergestellt wurde, dass keine Signalverzerrung durch die Ei-

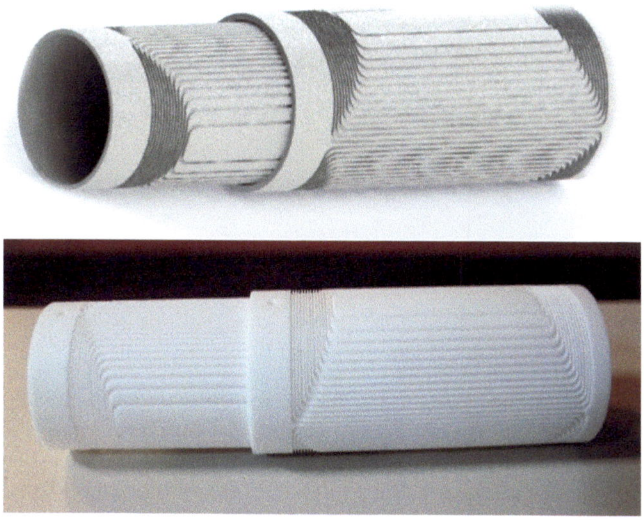

Abbildung 5.14: Design und Realisierung der Form, in welche die zwei orthogonalen Empfangsspulenpaare mit Litze vom Typ III gewickelt wurden.

genresonanz der Empfangsspule auftritt, welche im einstelligen MHz-Bereich zu erwarten ist.

Um die Kopplung zwischen den Sende- und Empfangsspulen zu quantisieren, wurde der Kopplungsfaktor gemessen. Dieser beschreibt, welcher Anteil der Spannung, welche über einer Sendespule abfällt, in einer Empfangsspule gemessen wird. Dies ist von zentraler Bedeutung für das Dämpfen des Anregungssignals auf der Empfangsseite.

Diese Messwerte der zwei, durch das Negativ implementierten, orthogonalen Empfangsspulenpaare sind in Tab. 5.6 aufgelistet.

Tabelle 5.6: Relevante elektromagnetische Parameter der Empfangsspulen.

| | |
|---|---|
| Induktivität / µH | 29,6 |
| Eigenresonanzfrequenz / MHz | > 1,0 |
| Kopplungsfaktor / $V\,V^{-1}$ | 0,025 |

Die über einer Empfangsspule empfangenen Signale wurden mit einem Butterworth-Filter vierter Ordnung gefiltert, um die Anregungsfrequenzen zu dämpfen (siehe 4.5.2). Die Planung der Schirmung und die Realisierung der Schwingkreise ist in Abb. 5.16 dargestellt.

In den abgebildeten kleinen und einem großen Kupferzylinder befand sich je eine Filterstufe. Im transparent dargestellten Kupferzylinder ist die differentielle Verstärkung auf Platinen realisiert. Die ebenfalls abgebildeten Fotos zeigen die

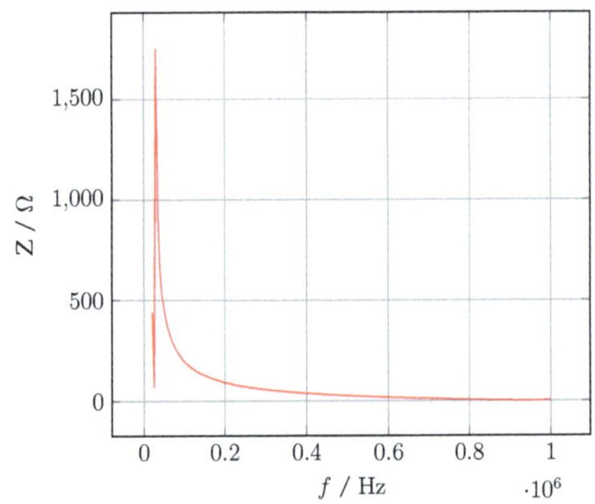


Abbildung 5.15: Die frequenzabhängige Impedanz einer eingebauten Empfangsspule zeigt, dass im die Eigenresonanz der Spule oberhalb von 1 MHz liegt. Die Erhöhung des Widerstandes im niederfrequenten Bereich ist durch die Kopplung der Spule mit einem Sendefilter zu erklären.

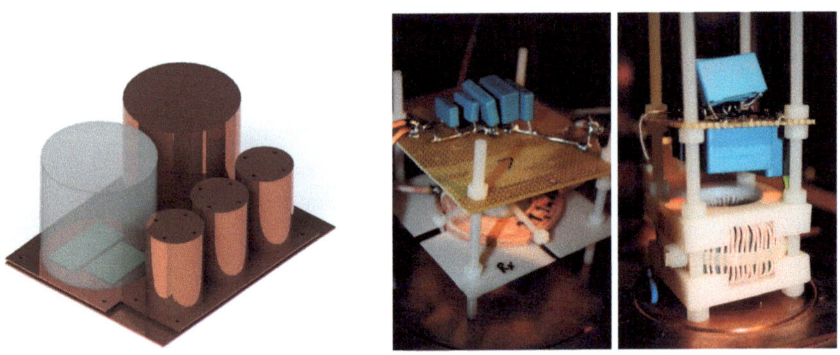

Abbildung 5.16: Planung und Realisierung der Empfangsfilter. Die Konzeption der Schirmung ist links, die Realisierung einer ersten Filterstufe zentral und ein Beispiel für die zweiten bis vierten Filterstufen rechts abgebildet.

Schwingkreise, welche innerhalb des Gehäuses realisiert wurden. Die zentral abgebildete erste Filterstufe wurde dabei ohne Eisenkern realisiert, um die Generierung von Harmonischen durch hohe Feldstärken im Eisenkern zu vermeiden. Die weiteren Stufen 2 bis 4 wurden mit Eisenkernen realisiert.

Die durch diese Filter erzielte Dämpfung des Anregungsfeldsignals ist durch die Frequenzgänge in Abb. 5.6 gegeben.

Der zentrale Teil des gesamten implementierten Systems ist in Abb. 5.18 dargestellt. Darauf sind oben links der Feldgenerator, oben rechts der Roboter, unten links das Gehäuse der Impedanzanpassung, unten zentral die Gehäuse der Empfangsfilter und unten rechts die Gehäuse der Leistungsfilter zu erkennen.

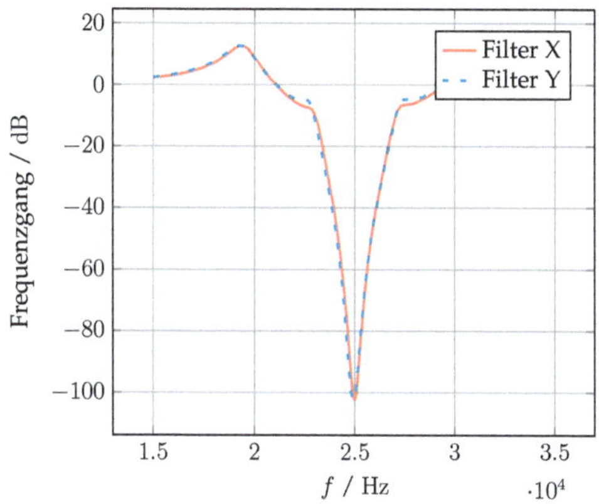


Abbildung 5.17: Die gemessenen Frequenzgänge der Filter zeigen, wie stark das Anregungsfeldsignal im Empfangspfad gedämpft wird.

## 5.7 Computersteuerung

Für die Signalgenerierung, -detektierung und Bildrekonstruktion wurde ein PC mit einem Intel Core i5-2320 Prozessor mit einer Taktfrequenz von 3 GHz, 8 GB Arbeitsspeicher und einem 64-bit Windows 7 Betriebssystem genutzt.

### 5.7.1 Signalwandlung und -speicherung

Jedes digital generierte Signal für die Bestromung sämtlicher Feldgeneratorspulen wurde an einem DAC (Digital-Analog-Wandler, Digital-Analog-Converter) auf einer X3-A4D4-Karte des Herstellers Innovative Integration in ein analoges Signal umgewandelt. Die Wandlung geschah mit einer Frequenz von 4 MHz und war in einem Spannungsbereich von $-10$ V bis 10 V möglich. Dabei wurde eine Auflösung von 16 Bit verwendet. Zusätzlich wurden pro Anregungsfeldpfad ein ADC (Analog-Digital-Wandler, Analog-Digital-Converter) auf der Karte X3-A4D4 genutzt, um die direkt an den Sendespulen abgegriffenen Signale zu digitalisieren. Dadurch wurde die im folgenden Abschnitt beschriebene Kalibrierung ermöglicht.

Die gefilterten, verstärkten und differentiell geführten Partikelsignale aus den Empfangsspulen wurden auf ADCs auf einer X3-10M-Karte der Firma Innovative Integration digitalisiert. Dabei wurde eine Abtastfrequenz von 25 MHz, ein Spannungsbereich von $-2$ V bis 2 V und eine Auflösung von 16 Bit verwendet.

Das Timing der Karten wurde über die X3-Timing-Karte des selben Herstellers geleistet. Sie triggert die Sende- und Empfangskarte, sodass diese gleichzeitig senden und empfangen. Weiterhin gibt sie die Abtastfrequenzen beider Karten

Abbildung 5.18: Übersicht über das realisierte Setup. Neben den hier dargestellen Komponenten, welche von oben links nach unten rechts Feldgenerator, Roboter, Impedanzanpassung, Empfangs- und Leistungsfilterung sind, wurden Durchführungsfilter, Sendefilter, Leistungsverstärker und Computersteuerung an oder außerhalb der Schirmkabine installiert.

vor.

Sämtliche Karten waren mit PCIe-Adapter-Boards in einem Computer installiert. Für die X3-A4D4 und X3-10M sind eigens Breakout-Module gefertigt worden, welche die Verbindung mit SM-B-Adaptern ermöglichten.

Die Programmierung der Karten erfolgte über institutseigene Ansteuerungssoftware, welche in C++ programmiert wurde [1]. In dieser Software-Umgebung wurde ebenfalls das Speichern der Messdaten gesteuert und die Echtzeitrekonstruktion umgesetzt.

Zur Positionskalibrierung der Partikelproben im Scanner wurde ein Roboter mit Hybrid-Zweiphasen-Schrittmotoren der Firma isel automation genutzt und ebenfalls über den Computer gesteuert.

### 5.7.2 Vermeidung von Sprungfunktionen

Durch ein plötzliches Ein- und Ausschalten der Signale bei voller Amplitude würden Sprungfunktionen in das Netzwerk eingebracht werden, welche das System beschädigen können. Um dies zu verhindern, wurden sämtliche Signale zu Beginn und zum Ende des Sendevorganges über mehrere Perioden mit der Sigmoidfunktion

[1] Implementiert von Anselm von Gladiß.

$$\mathrm{sig}(t) = \frac{1}{1 + e^{-\frac{t}{\alpha_{\mathrm{sig}}}}} \tag{5.10}$$

multipliziert. Der Parameter $\alpha_{\mathrm{sig}}$ wurde dabei so gewählt, dass die Funktion die Signale nach einer wählbaren Anzahl von Perioden vollständig hoch- bzw. heruntergeregelt hatte.

Die Sequenz für die Messung des FOV durch eine volle Rotation der FFL mit vorherigem Hoch- bzw. nachherigem Herunterregeln der Sendesignale ist in Abb. 5.19 dargestellt.

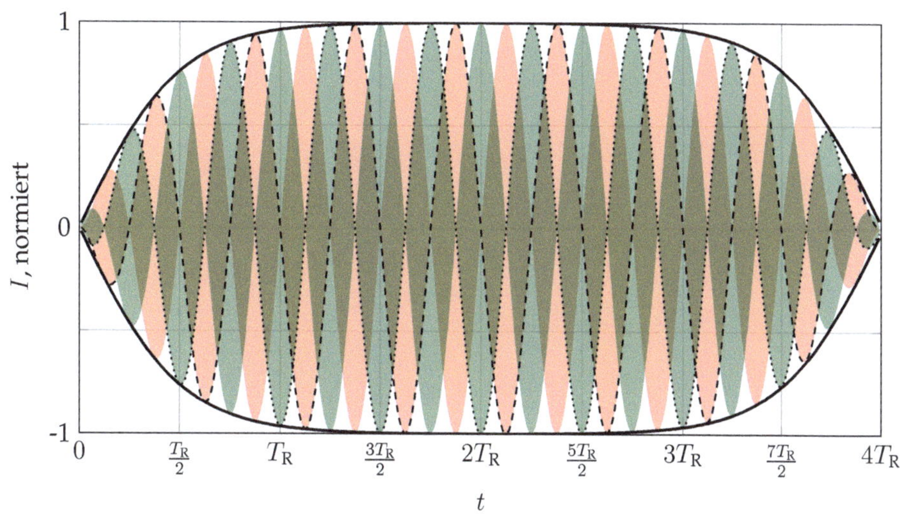


Abbildung 5.19: Schematische Darstellung des Hoch- bzw. Runterregelns der Bildgebungssequenz.

## 5.8 Strom- und Phasenkalibrierung

Jede Komponente im Anregungs- und Selektionspfad wies eine Übertragungsfunktion auf, welche die Phasen und Amplituden der zu sendenden Signale beeinflusste. Bei der Planung und Konstruktion der Komponenten wurde vermieden, die Signale zu beeinflussen, doch eine in diesem Sinne perfekte Übertragungsfunktion des gesamten Bestromungspfades erwies sich als herausfordernd. Daher wurden die Sendesignale direkt an den Quadropol- und Dipolspulen durch Spannungsteiler an die ADCs auf der X3-A4D4-Karte geleitet. Somit konnten die Phasen und Amplituden in den Sendespulen mit denen des Sendesignals vor den Verstärkern, Filtern und Kabelwegen verglichen und korrigiert werden.

# 6 Rekonstruktion



Ausgehend von einem fertig konstruierten und implementierten Scanner wird in diesem Kapitel beschrieben, welche Messungen durchgeführt wurden und zu welchen Ergebnissen diese geführt haben. Es wird dargelegt, welche Hardwaphantome genutzt und wie die Rekonstruktionsparameter kalibriert wurden. Schließlich werden die zentralen Ergebnisse dieser Arbeit, die rekonstruierten tomografischen Echtzeit-MPI-Bilder, präsentiert. Ebenfalls wird gezeigt, dass durch eine Kombination dieser Bilder eine dreidimensionale Partikelverteilung rekonstruiert werden kann, wenn das Partikelvolumen durch die Ebene des FOV bewegt wird.

## 6.1 Kolloid und Hardwarephantome

Als Tracer wurde Resovist® verwendet. Dabei handelt es sich um ein vormals kommerziell erhältliches MRT-Kontrastmittel. Das Kolloid besteht aus $\gamma$-$Fe_2O_3/Fe_3O_4$ Kernen, welche mit Carboxydextran beschichtet sind und einem wässrigen Medium. Dabei befinden sich mehrere magnetische Kerne in einer Beschichtung, weshalb diese Partikel als Mehrkernpartikel bezeichnet werden [50]. Die genauen Parameter dieses Kontrastmittels, wie effektiver Kerndurchmesser und effektive Relaxationszeit, werden in 6.2 ermittelt und mit Literaturwerten verglichen.

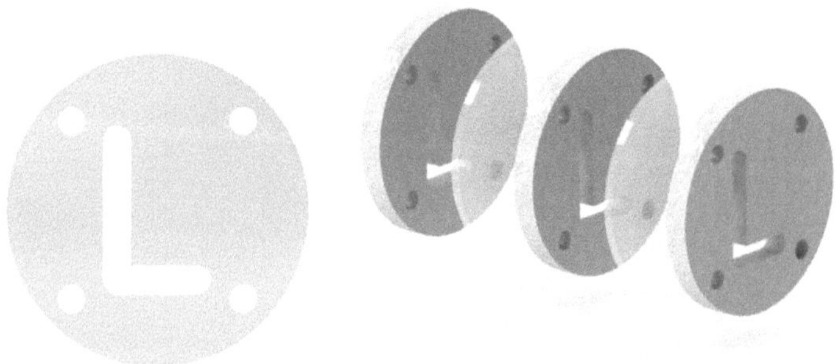

Abbildung 6.1: Prinzip der Phantomkonstruktion. Zwei Silikonsepten und Plättchen mit der Form der Ferrofluidkammer wurden gegeneinander verschraubt. So konnte auf der Vorderseite Resovist® eingespritzt und auf der Rückseite Luft ausgelassen werden.

Die Hardwarephantome wurden so konstruiert, dass das Ferrofluid ohne das Einbringen von Luftblasen in die gewünschten Formen gebracht werden konnte. Für eine einfache Form der Partikelverteilung mit einer eindeutigen räumlichen Orientierung in der Ebene wurde ein L-förmiges Phantom ausgewählt. Dieses und alle weiteren 2D-Phantome bestanden, wie in Abb. 6.1 gezeigt, aus drei Schichten Acrylglas, welche durch Silikon-Septen getrennt und zusammengeschraubt wurden. Die zentrale Schicht wurde mit unverdünntem Resovist® befüllt. Alle Phantome hatten einen Außendurchmesser von 22,5 mm. Die Linien des L-Phantoms haben eine Weite von 2 mm und das gesamte Plättchen eine Dicke von 2,5 mm. Die vertikale Linie weist eine Länge von 12 mm und die horizontale Linie eine Länge von 8 mm auf. Damit ergibt sich ein Tracer-Volumen von 69,9 µl. Das befüllte Phantom ist in Abb. 6.2 gezeigt.

Die Ferrofluid-Kammer für die Messung einer Delta-Probe war zylindrisch mit einem Durchmesser von 1 mm und einer Tiefe von 3 mm, womit sich als Tracer-Volumen 2,4 µl ergibt. In 6.4.1 wurde neben dem beschriebenen L-Phantom noch ein Phantom genutzt, dessen drei zylindrischen Kammern einen Durchmesser von

Abbildung 6.2: Realisiertes und mit unverdünntem Resovist® befülltes Hardwarephantom mit L-Form.

2 mm und eine Tiefe von 3 mm aufweist. Dieses Phantom wird im Folgenden Drei-Punkte-Phantom genannt. Damit wurde vom Ferrofluid im gesamten Phantom ein Volumen von etwa 28,2 µl eingenommen.

## 6.2 Rekonstruktionsparameter

In dem durch (2.45) gegebenen Magnetisierungsmodell sind die Parameter effektiver Partikeldurchmesser $d$ und Relaxationszeit $\tau$ von den zur Bildgebung genutzten Partikeln abhängig. Die Relaxationszeit hängt zudem noch von den Scannerparametern Anregungsfeldfrequenz und -amplitude ab [66]. Um diese Parameter für eine Tracer-Charge zu bestimmen, kann eine Kalibrationsmessung anhand des in 6.1 beschriebenen Delta-Proben-Phantoms durchgeführt werden. Das Partikelvolumen wurde dabei zentral im FOV positioniert, sodass das erhaltene Signal dem einer MPI-Spektrometermessung entspricht.

In Abb. 6.3 ist ein so erhaltenes eindimensionales Signal gegeben, also die Messung unter einem diskreten Winkel der FFL-Rotation $\gamma = 0$. An die so erhaltene Kurve wurde eine Funktion gemäß (2.54) angepasst, wobei für die Magnetisierung $\mathcal{M}(H)$ das Modell der erweiterten Langevin-Funktion (2.46) verwendet wurde.

Es ergibt sich für die freien Parameter $d_c = 23\,\text{nm}$ und $\tau = 4\,\mu\text{s}$. Es sei angemerkt, dass diese Größen den effektiven Werten in den genutzten Modellen entsprechen. So entspricht $d_c$, abhängig von der Anisotropie der Partikel, nicht der tatsächlichen Größe der Partikelkerne. Wie oben bereits erwähnt, wurde in [50] gezeigt, dass

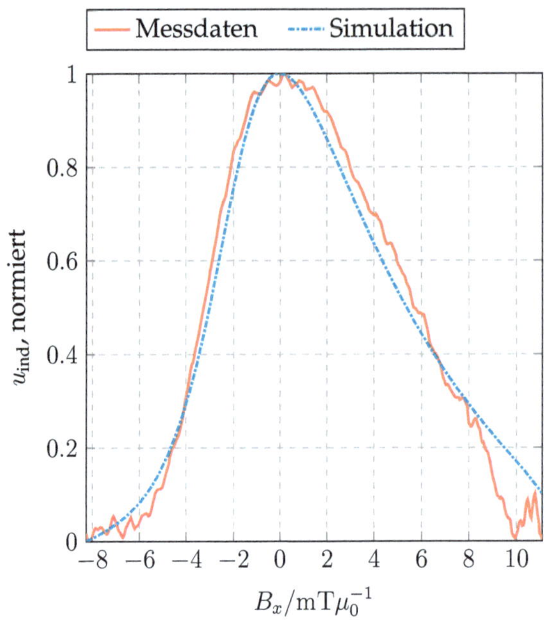


Abbildung 6.3: Vergleich des gemessenen Signals mit dem simuierten Signal des erweiterten Langevin-Modells (2.46). Als Parameter wurden $d_c = 23\,\mathrm{nm}$ und $\tau = 4\,\mu\mathrm{s}$ gewählt.

die Resovist®-Partikel aus mehreren magnetischen Kernen mit unterschiedlichen Durchmessern und unterschiedlichen MPI-Signaleigenschaften bestehen.

In Abb. 6.3 ist zu sehen, dass die gemessenen Daten im Vergleich zur modellierten Funktion einen leicht steileren Verlauf in der Abnahme des Signals zeigen. Dies ist vermutlich ein Resultat aus dem vereinfachten Modell, welches keine Verteilung von Partikeldurchmessern und Relaxationszeiten vorsieht (siehe 2.1.4), sondern lediglich mit effektiven Werten arbeitet. Die Kurve der Ausgleichungsrechnung stellt trotz des einfachen Modells eine valide Annäherung an die Messdaten dar und zeigt, dass das Modell der erweiterten Langevin-Funktion notwendig ist, um die Asymmetrie im Partikelsignal zu erklären.

In der Modellierung mit einer konstanten Phasenverzögerung, welche in (2.77) beschrieben ist, ergibt sich ein Verzögerungswinkel des Magnetisierungsvektors hinter einem Equilibriumsvektor von $\phi_{\mathrm{Resovist}} = 0{,}2847\,\mathrm{rad}$ oder $16{,}3°$.

Die Parameter sind in Tab. 6.1 zusammenfassend aufgelistet.

Diese Ergebnisse werden im Folgenden mit Literaturwerten für Resovist® verglichen. Hierfür werden stets die Anregungsfeldfrequenz und -amplitude zum Vergleich mit den hier genutzten $f_T = 25\,\mathrm{kHz}$ und $A = 12{,}5\,\mathrm{mT}$ aufgeführt. Die aufgeführten Fehler beziehen sich auf $\sigma_l$ aus (2.13), falls eine Partikelgrößenverteilung

Tabelle 6.1: Modellierungsparameter im erweiterten Langevin-Modell für Resovist.

| | |
|---|---|
| Effektiver Kerndurchmesser / nm | 23 |
| Effektive Relaxationszeit / µs | 4 |
| Phasenverzögerung / ° | 16,3 |

angenommen wird und andernfalls auf die berechneten Fehler der Ausgleichungsrechnungen.

- Goodwill & Tamrazian et al. [48] - Mit den Parametern $f_\mathrm{T} = 4{,}5\,\mathrm{kHz}$ und $A = 12\,\mathrm{mT}$ wurden in dieser initialen Anwendung des erweiterten Langevin-Modells auf MPI-Messdaten ein effektiver Partikeldurchmeser von $d_\mathrm{c} = 15{,}9 \pm 3{,}2\,\mathrm{nm}$ und eine Relaxationszeit von $\tau = 6{,}0 \pm 2{,}4\,\mu\mathrm{s}$ ermittelt.

- Croft et al. [17] - Mit den Parameterpaaren $f_\mathrm{T}^\mathrm{a} = 22{,}9\,\mathrm{kHz}$, $A^\mathrm{a} = 20\,\mathrm{mT}$ und $f_\mathrm{T}^\mathrm{b} = 4{,}4\,\mathrm{kHz}$, $A^\mathrm{b} = 60\,\mathrm{mT}$ und unter der Annahme einer Log-Normalverteilung von Partikelkerngrößen ergaben sich in Reihenfolge der gegebenen Messparameter $\tau^\mathrm{a} = 2{,}9\,\mu\mathrm{s}$ und $\tau^\mathrm{b} = 4{,}7\,\mu\mathrm{s}$. Zu den Parametern der Partikeldurchmesserverteilung wurden keine Angaben getroffen.

- Croft et al. [66] - In dieser Studie wird für zwei MPI-Tracer, Resovist® und UW33, die Anwendbarkeit des Modells der konstanten Phasenverzögerung (2.77) untersucht. Dazu wurden 4 Anregungsfeldfrequenzen und 11 Anregungsfeldamplituden betrachtet. Bei den Parametern $f_\mathrm{T} = 25\,\mathrm{kHz}$ und $A = 12{,}5\,\mathrm{mT}$ wurde eine Relaxationszeit von $\tau = 1{,}2 \pm 0{,}2\,\mu\mathrm{s}$ und eine Phasenverzögerung von $0{,}18$ rad oder $10°$ berichtet, wobei eine Log-Normalverteilung der Partikeldurchmesser mit mittlerer Größe von $17 \pm 4\,\mathrm{nm}$ angenommen wurde. Hier konnte gezeigt werden, dass dieses Modell auch für andere Partikel als Resovist® anwendbar ist.

- Arami et al. [49] - Mit den Parametern $f_\mathrm{T} = 25\,\mathrm{kHz}$ und $A = 12\,\mathrm{mT}$ wurde hier ein mittlerer Partikeldurchmesser von $d_\mathrm{c} = 13{,}6 \pm 0{,}49\,\mathrm{nm}$ der Log-Normalverteilung ermittelt.

- Eberbeck et al. [139, 23] - In diesen Studien wird die Partikelgrößenverteilung von Resovist® anhand von $M$-$H$-Kurven analysiert und angenommen, dass diese über eine bimodale Log-Normalverteilungen modelliert werden muss. Das Kolloid besteht demnach aus einem Anteil von kleinen Kernen mit einem mittleren Durchmesser von $d_\mathrm{c} = 5{,}5 \pm 0{,}6\,\mathrm{nm}$ und einem Anteil von größeren Kernen mit einem mittleren Durchmesser von $d_\mathrm{c} = 20 \pm 1\,\mathrm{nm}$. Weiterhin wird berichtet, dass das Volumen der größeren Partikel $30\,\%$ des Gesamtkernvolumens ausmacht.

- Yoshida et al. [50] - Resovist® wurde durch magnetische Gradientenfelder in drei Einheiten aufgeteilt. Diese wurden bei $f_\mathrm{T} = 10\,\mathrm{kHz}$ und $A = 28\,\mathrm{mT}$ untersucht. Die ermittelten effektiven Kerndurchmesser der einzelnen Proben betragen $d_\mathrm{c}^a = 6{,}2 \pm 1\,\mathrm{nm}$, $d_\mathrm{c}^a = 10{,}7 \pm 1\,\mathrm{nm}$ und $d_\mathrm{c}^a = 21{,}6 \pm 1\,\mathrm{nm}$.

Die ermittelten Partikelparameter sind zusammen in Tab. 6.2 aufgeführt.

Tabelle 6.2: Messparameter und ermittelte Partikelparameter für Resovist®. Die Details der Experimente sind in der beistehenden Aufzählung aufgelistet.

| Referenz | $f_\mathrm{T}$ /kHz | $A$ / $\mathrm{T\,m^{-1}\,\mu_0^{-1}}$ | $d_\mathrm{c}$ / nm | $\tau$ / µs | $\phi$ / ° |
|---|---|---|---|---|---|
| Bente et al. [E14] | 25 | 12,5 | 23 | 4,0 | 16,3 |
| Goodwill & Tamrazian et al. [48] | 4,5 | 12 | 15,9 | 6,0 | - |
| Croft et al. [17] | 22,9 | 20 | - | 2,9 | - |
| Croft et al. [66] | 25 | 12,5 | 17 | 1,2 | 10,3 |
| Arami et al. [49] | 25 | 12 | 13 | - | - |
| Eberbeck et al. [23] | - | - | 5,5/20 | - | - |
| Yoshida et al. [50] | - | - | 6,2/ 10,7/ 21,6 | - | - |

Aufgrund dieser Studien kann angenommen werden, dass in den Mehrkernpartikeln des Kolloids die wesentlich zur Signalgenerierung in der MPI-Bildgebung beitragenden Partikelkerne eine Größe zwischen 17 und 23 nm aufweisen.

## 6.2.1 Erklärung der Relaxation

Das erweiterten Langevin-Modell beschreibt die Relaxation der Partikel lediglich phänomenologisch. Eine physikalische Erklärung für die Relaxation könnte eine Verteilung von Koerzitivfeldstärken sein [49]. Liegt eine Koerzitivfeldstärke vor, so geschieht die Änderung der Magnetisierung eines Volumens von Partikeln relativ zum externen Magnetfeld verzögert. Das Auftreten dieser Feldstärke bedeutet, dass kein reiner Superparamagnetismus mehr vorliegt und Hysterese auftritt. Dies geschieht ab einer gewissen Partikelgröße. Die Unsicherheit über den exakten Partikeldurchmesser, ab welchem der kritische Fall eintritt, wurde bereits in 2.1.1 dargelegt. Existieren nun einige Partikel von unterkritischer und einige Partikel von überkritischer Größe, so ist das beobachtete Relaxierungsverhalten durch Koerzitivfeldstärken erklärbar. Die Studie [49] deutet an, dass dies ab einer Partikelgröße von 20 nm tatsächlich relevant für Messdaten bei den in dieser Arbeit verwendeten Scannerparametern und bei dem verwendeten Kolloid Resovist® sei.

## 6.3 Bildgebung mit diskreten FFL-Rotationswinkeln

Wie in 5.4.1 beschrieben, wurde der Scanner zunächst mit einer diskret rotierenden FFL aufgebaut und daraufhin für eine kontinuierlich rotierende Linie erweitert. Dies ergibt die Möglichkeit, die zwei Verfahren zu vergleichen und festzustellen, ob bisher unberücksichtigte Prozesse dazu führen, dass die Diskrete-Winkel-Approximation nicht anwendbar ist. In Abb. 6.4 ist die zweidimensionale Bildgebung eines Phantoms zur Approximation eines Delta-Signals dargestellt. Die Daten sind dabei normalisiert und die verwendeten Grauwerte reichen stets vom Minimum des aktuellen Bildes (schwarz) bis zum Maximum des aktuellen Bildes (weiß).

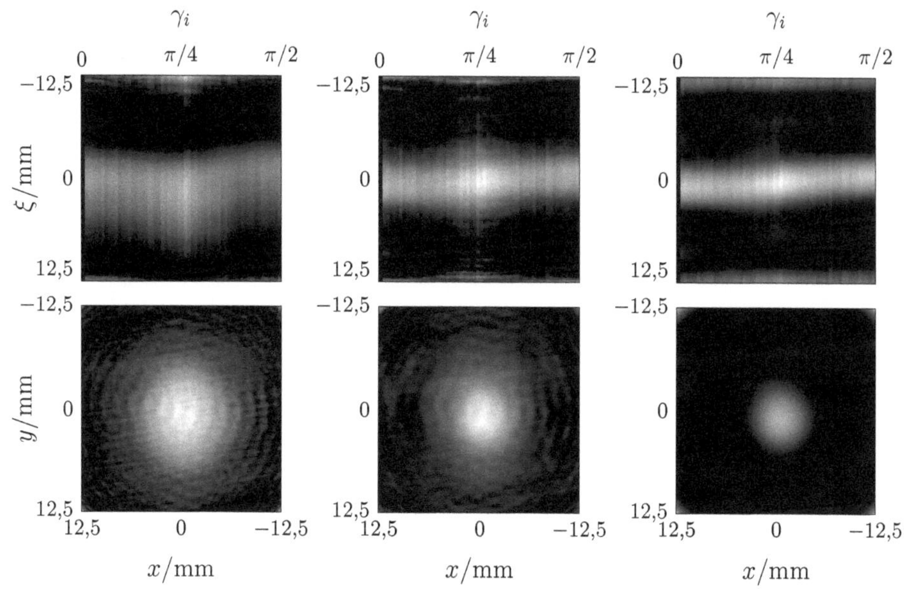


Abbildung 6.4: Bildgebung der Delta-Probe ohne Entfaltung links, mit Entfaltung der Relaxation mittig und mit zusätzlicher Entfaltung der Langevin-Funktion rechts. Oben sind pro Rotationswinkel die eindimensionalen Partikelverteilungen, unten die zweidimensionalen Verteilungen im Ortsraum abgebildet.

Zunächst ist zu erkennen, dass die PSF beinahe das gesamte FOV ausfüllt. Es ergibt sich eine FWHM von $9{,}2\,\mathrm{mm}$, was dem Magnetisierungsverhalten von Partikeln mit den oben beschriebenen Werten $d = 23\,\mathrm{nm}$ und $\tau = 4\,\mu\mathrm{s}$ entspricht.

Anhand dieser Parameter konnten zwei Entfaltungsschritte gemäß der in 2.4.3 beschriebenen Strategie durchgeführt werden. Die Entfaltung des Relaxationsprozesses ergibt eine symmetrische Kurve, welche eine reduzierte FWHM von 6,3 mm aufweist. Im Bild ist zu erkennen, dass das Rauschen niederfrequenter wurde, da zur Entfaltung eine Wiener-Entfaltung genutzt wurde, welche mit der Funktion eines Tiefpass-Filters einhergeht (siehe 2.4.4). In [66] wurde gezeigt, dass das Erhöhen der Auflösung über eine Reduzierung der Anregungsfeldamplitude möglich ist, da die Signalverbreiterung über den Relaxierungsprozess mit dieser skaliert. Hier wurde durch eine Reduzierung von $A = 30\,\mathrm{mT}$ auf $5\,\mathrm{mT}$ eine Reduzierung des FWHM um den Faktor 2,5 bei der Verwendung von Resovist® erreicht. Der wesentliche Nachteil hiervon ist, dass das FOV bei gleicher Gradientenstärke um den Faktor 6 schrumpft.

Der nächste Entfaltungsschritt mit der nun zutreffenden Beschreibung des Signals durch die Langevin-Funktion (siehe 2.4.3) ergibt eine weitere Reduktion der FWHM auf 5,5 mm.

Um die so erhaltenen Parameter für die Entfaltung an einem etwas komplexeren Phantom zu testen, wurde das L-Phantom genutzt. Mit den selben Parametern ergeben sich die in Abb. 6.5 gezeigten Rekonstruktionsergebnisse.

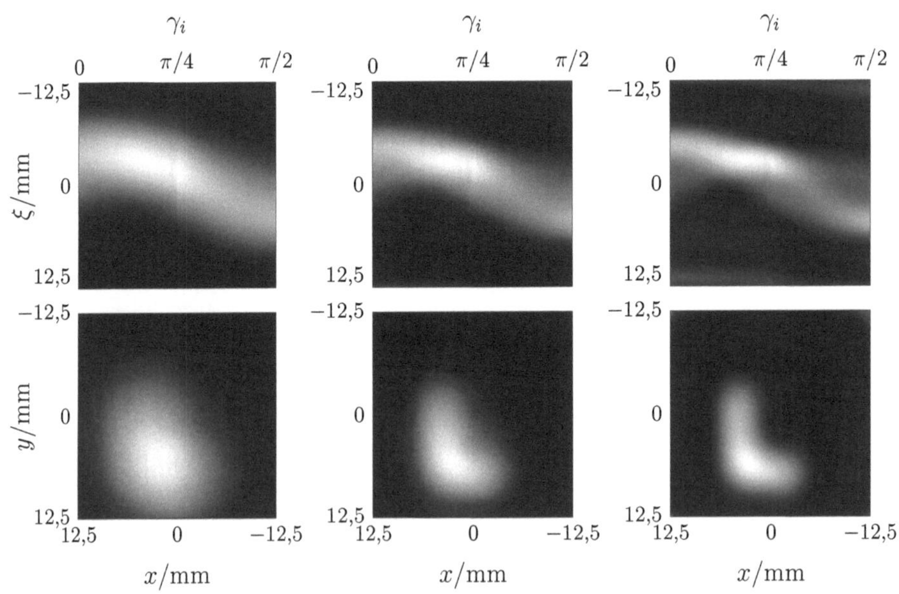


Abbildung 6.5: Rekonstruktionsergebnisse mit dem L-Phantom. Anordnung gemäß 6.4.

Bemerkenswert ist, dass zunächst die L-Form nicht erkennbar ist und erst durch die Entfaltung der Daten mit dem Relaxations-Kernel die Form deutlicher wird. Eine letztlich klare L-Form ist auf dem Bild mit vollständiger Entfaltung zu erkennen.

Als Vergleichspunkt für zukünftige Scanner wurde die untere Detektionsgrenze des hier vorgestellten Scanners mithilfe einer Delta-Probe ermittelt [E15]. Diese beträgt 15 µg Eisen unter der Verwendung von Resovist®. Der Sensitivitätsvorteil eines FFL-Scanners gegenüber einem FFL-Scanner kann dadurch allerdings nicht ermittelt werden, da dieser erst bei einer örtlichen Verteilung der Nanopartikel relevant wird (siehe 3.4.1).

Insgesamt wurde gezeigt, dass Bildgebung mit einer elektronisch rotierten FFL möglich ist. Weiterhin wurde gezeigt, dass die Reduzierung der Auflösung durch den Relaxationsprozess kompensiert werden kann. Nach dieser ersten Entfaltung kann das Magnetisierungsverhalten durch die Langevin-Funktion beschrieben werden. Die Entfaltung von MPI-Daten mit dieser Funktion konnte ebenfalls erstmals mit denen in diesem Experiment gewonnenen Daten durchgeführt werden.

## 6.4 Echtzeitbildgebung

Echtzeitbildgebung kann über die Anzahl der gemessenen, vollständigen Datensätze pro Sekunde definiert werden. Ein vollständiger Datensatz bedeutet dabei, dass genügend Daten gemessen wurden, um ein Bild zu rekonstruieren. Gemäß dem 24p-Format ist eine Bildwiederholrate von mehr als 24 Hz videofähig. Die hier erreichten 100 Hz fallen somit unter diese Kategorie.

Echtzeitrekonstruktion dagegen sei hier so definiert, dass sogar das Bereitstellen der rekonstruierten Bilder mit einer Rate von mehr als 24 Hz geschieht. Dies wurde experimentell ebenfalls erreicht und ist im Folgenden dargelegt.

Um die Echtzeitfähigkeit des Verfahrens mit kontinuierlich rotierender FFL zu zeigen, wurden das L-Phantom und das Drei-Punkte-Phantom im FOV bewegt und Videodaten erzeugt. Es wird gezeigt, dass das L-Phantom, wie bei der Bildgebung mit diskreten FFL-Rotationsschritten, rekonstruierbar war. Dabei wurde eine Echtzeitrekonstruktion der Bilddaten erreicht. So konnte ein tomographisches Bild der räumlichen Verteilung des Ferrofluids auf einem in Abb. 6.6 gezeigten Bildschirm neben dem Feldgenerator ohne Zeitverzögerung abgebildet werden.

Abbildung 6.6: Auf dem Monitor direkt neben dem Feldgenerator kann ein tomographisches Bild der räumlichen Verteilung des Ferrofluids in Echtzeit rekonstruiert werden.

### 6.4.1 L-Phantom und Drei-Punkte-Phantom

Um die Echtzeitfähigkeit des Verfahrens zu visualisieren, ist in Abb. 6.7 jede zweite rekonstruierte Partikelverteilung einer Messung gezeigt. In Abb. 6.7 sind auch die zugehörigen Sinogramme dargestellt. Zur Verdeutlichung, dass es sich um Videodaten handelt, wurde das Phantom im FOV rotiert. Der präsentierte Teil der Messung erstreckt sich über insgesamt 720 ms, wobei der Zeitunterschied zwischen aufeinanderfolgend rekonstruierten Bildern 20 ms beträgt. Damit ist gezeigt, dass eine Echtzeitbildgebung mittels FFL-MPI umsetzbar ist. Darüber hinaus ist damit gezeigt, dass ein auf MPI anwendbarer Rekonstruktionsalgorithmus in Echtzeit tomographische Schnittbilder berechnen kann.

Somit ist ebenfalls erstmals gezeigt, dass das Verfahren MPI generell mit einer Echtzeitrekonstruktion umgesetzt werden kann.

Betrachtet man die Ergebnisse der Rekonstruktion, so ist ersichtlich, dass die Form des Phantoms erkennbar ist und die augenscheinliche Auflösung der Bildgebung mit einer diskret rotierten FFL gleichkommt (siehe 6.3). Da eine solche Bildgebung bisher nicht geglückt ist, sind diese Resultate als Machbarkeitsnachweis zu verstehen. Eine detaillierte Analyse von Sensitivität und Auflösung bleibt Aufgabe zukünftiger Forschung.

Es ist zu erkennen, dass die in 3.3.3 beschriebene Sortierung des Empfangssignales in disrekte Winkel der FFL-Rotation zu einer gelungenen Rekonstruktion tomografischer Bilder führt. Damit ist die Umsetzbarkeit der Approximation bestätigt.

Durch die in Abb. 6.9 rekonstruierten tomographischen Bilder des Drei-Punkte-

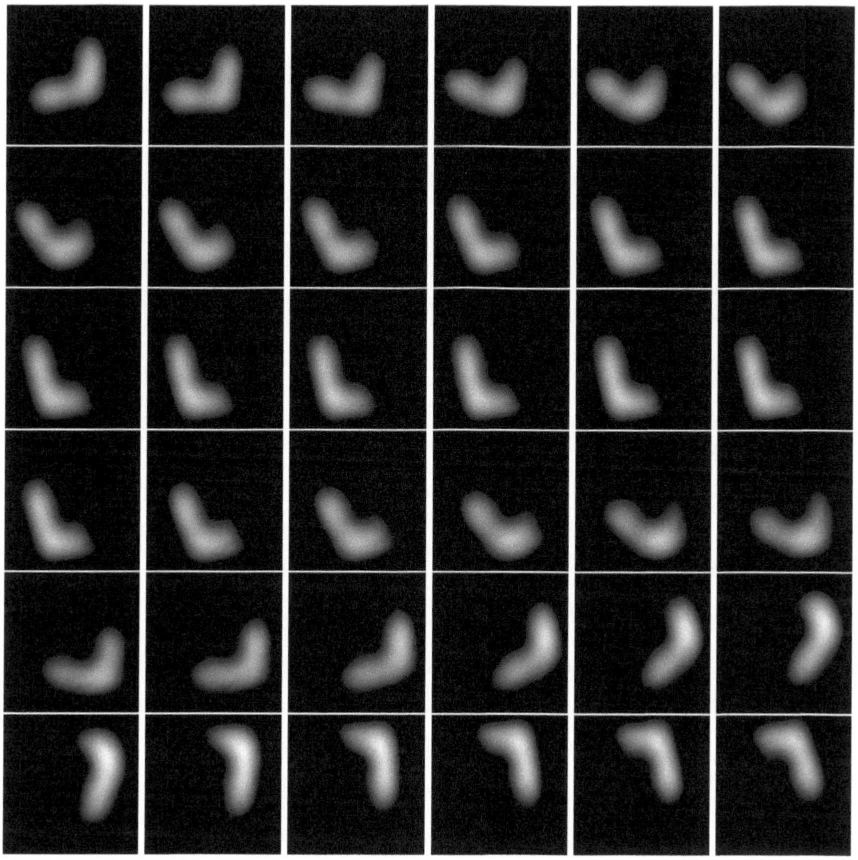

Abbildung 6.7: Die Ergebnisse der Echtzeitbildgebung und -rekonstruktion der ersten 720 ms mit L-Phantom. Jede zweite rekonstruierte Partikelverteilung ist abgebildet, wodurch sich ein Zeitunterschied zwischen benachbarten Bildern von 20 ms ergibt. Achsen gemäß Abb. 3.9.

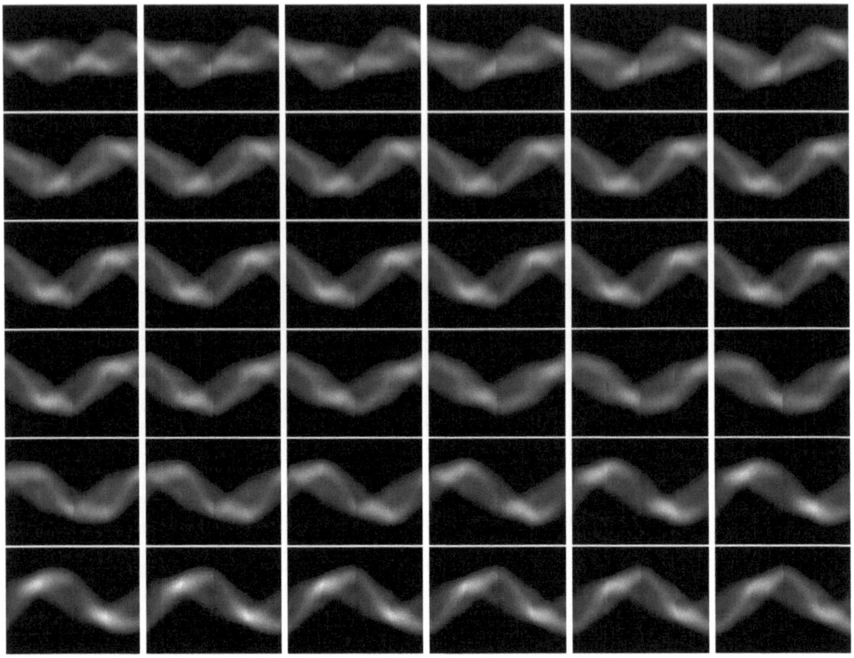

Abbildung 6.8: Abgebildet sind die zu Abb. 6.7 gehörigen Sinogramme. Achsen gemäß Abb. 3.9.

Phantoms ist erkennbar, dass Artefakte in der Bildrekonstruktion auftreten. Bei vertikal benachbarten Partikelkonzentrationen ist eine Tendenz zur Verschmelzung der sonst klar getrennten Punkte erkennbar.

Um diese Artefakte zu untersuchen, können die Sinogramme in Abb. 6.10 betrachtet werden. Hier ist eine Winkelabhängigkeit des SNR zu erkennen. Da diese Winkelabhängigkeit allerdngs auch variiert, konnte dieses Phänomen nicht eindeutig erklärt werden.

Eine mögliche Erklärung für das variierende SNR der rekonstruierten Kurve bei bestimmten Winkeln der FFL-Rotation ist die Stromstärke innerhalb bestimmter Spulen. Erreicht die Stromstärke in einigen Spulen ihr Maximum, so könnten nichtlineare Effekte die Bildgebung beeinträchtigen. Eine Erklärung für das Auftreten von Nicht-Linearitäten könnte die Kopplung der Streufelder des Anregungsfeldes in andere Spulen oder in die kupfernen Schirmungsplatten der Permanentmagneten sein. Hierdurch wird das Anregungsfeld verzerrt.

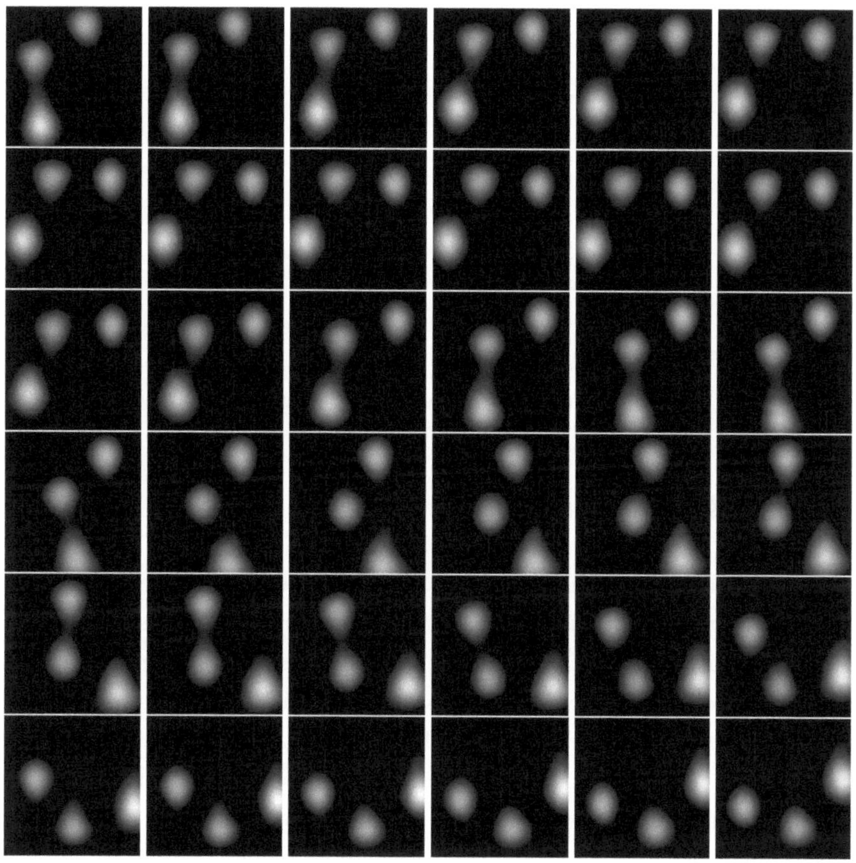

Abbildung 6.9: Die Ergebnisse der Echtzeitbildgebung und -rekonstruktion der ersten 720 ms mit 3-Punkte-Phantom. Jede zweite rekonstruierte Partikelverteilung ist abgebildet. Achsen gemäß Abb. 3.9.

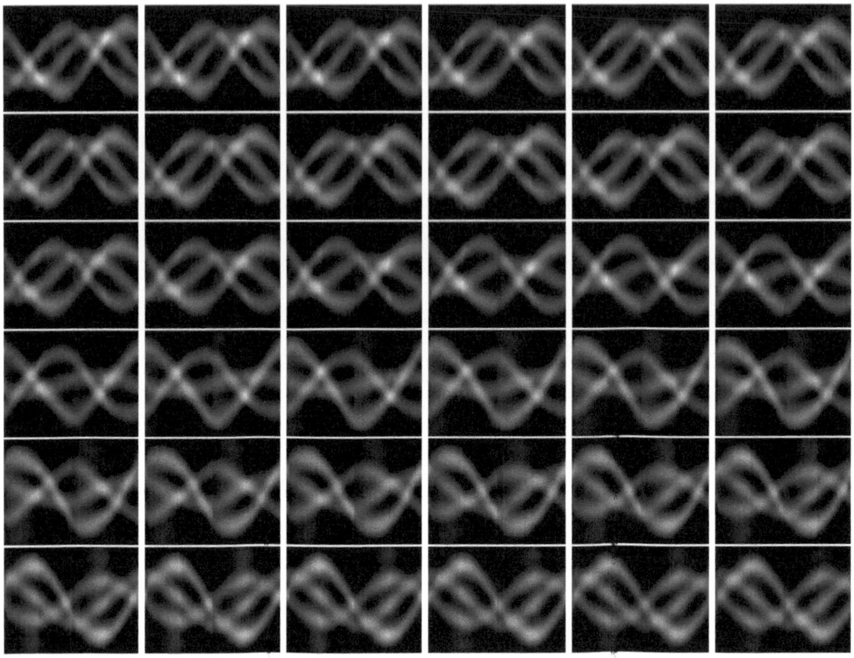

Abbildung 6.10: Abgebildet sind die zu 6.9 gehörigen Sinogramme. Ein winkelabhängiges Signalqualität ist erkennbar. Achsen gemäß Abb. 3.9.

### 6.4.2 Gefäße-Phantom

Um die Möglichkeiten der Echtzeitfähigkeit der Bildgebung zu verdeutlichen und die Bildgebung an einem dreidimensionalen Phantom zu demonstrieren, wurde ein Phantom mit einer dreidimensionalen Partikelverteilung angefertigt. Es besteht aus drei Schläuchen mit einem Durchmesser von jeweils 1 mm. Die unterschiedlich langen Schläuche wurden an einem POM-Stab befestigt und mit Ferrofluid befüllt. Dabei wurden vorsätzlich Luftblasen in die Schläuche eingebracht. Das gesamte Phantom hat eine Länge von 90 mm und in der Bildgebungsebene eine maximale Ausdehnung von 15 mm. Während der Bildgebungssequenz wurde das Phantom manuell innerhalb von einer Sekunde orthogonal zur Bildgebungsebene durch das FOV bewegt.

Die in einer Sekunde erstellten Bilder wurden kombiniert gerendert. Das schrittweise Einfügen von weiteren Aufnahmen und kombinierte Rendern ist in Abb. 6.11 dargestellt, um den Bildgebungsprozess zu visualisieren. Es wurde zunächst lediglich das erste rekonstruierte Bild als zu renderndes Objekt betrachtet und pro weiterem gezeigten Rekonstruktionsergebnis 8 weitere Schnittbilder hinzugefügt.

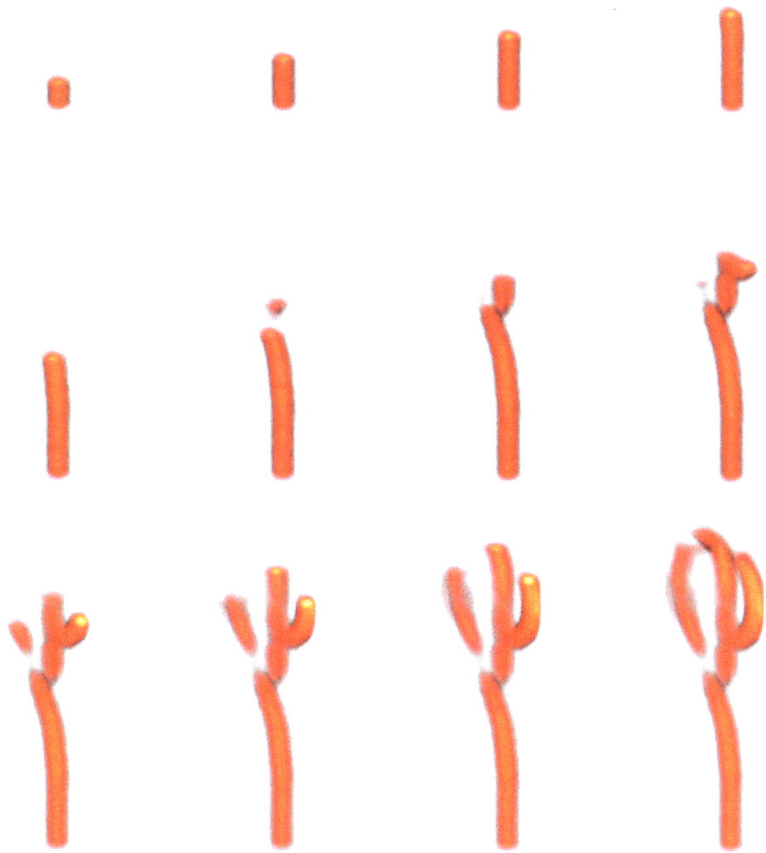

Abbildung 6.11: Rekonstruktion einer dreidimensionalen Partikelverteilung. Die Datenakquirierung erfolgte innerhalb einer Sekunde.

Die schließlich rekonstruierte dreidimensionale Partikelverteilung entspricht der Form des Hardwarephantoms und ist in Abb. 6.12 aus drei verschiedenen Ansichten dargestellt. Von den eingefügten Blasen ist lediglich die größte mit einer Länge von etwa 7 mm eindeutig zu erkennen. Sämtliche weiteren Bläschen sind ansatzweise durch eine Einengung der röhrenförmigen, rekonstuierten Partikelverteilung zu erkennen.

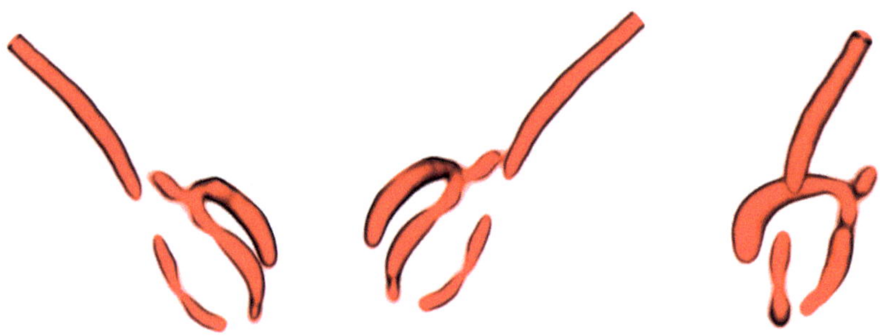

Abbildung 6.12: Drei Ansichten der rekonstruierten, dreidimensionalen Partikelverteilung.

# 7 Zusammenfassung

Der in dieser Arbeit vorgestellte Scanner entwickelt das Forschungsfeld MPI in zwei Aspekten weiter. Erstens zeigt er die Machbarkeit, mittels einer elektronisch rotierten FFL Partikelsignale zu erzeugen und daraus die räumliche Verteilung der Partikel zu rekonstruieren. Zweitens ermöglicht er eine Echtzeitrekonstruktion, womit bewiesen wurde, dass dies generell für die MPI-Bildgebung möglich ist. Damit ist eine grundlegende Hürde für die MPI-Bildgebung genommen, um weitere Forschung in Richtung einer klinischen Anwendung zu initiieren.

Da der Scanner im Vergleich zu bisher entwickelten MPI-Scannern mit anderen Signalformen und einer anderen räumlichen Kodierung arbeitet, werden in dieser Arbeit die bereits erforschten Grundlagen zur Hardware und Rekonstruktion auf die dynamische FFL-Bildgebung erweitert. Dazu wurde zunächst die Signalgenerierung und -kodierung im Eindimensionalen dargelegt. Die bestehenden Grundlagen der eindimensionalen Rekonstruktion wurden durch ein Partikelmodell mit einer relaxierenden Ableitung der Langevin-Funktion erweitert und es wurde gezeigt, dass die Effekte der Relaxation durch Entfaltung kompensiert werden können. Nach dieser Entfaltung war es ebenfalls möglich, die Langevin-Funktion zu nutzten, um einen weiteren Entfaltungsschritt durchzuführen und das Auflösungsvermögen des Verfahrens weiter zu erhöhen. Diese Entfaltung an Messdaten ist zuvor noch nicht geglückt und zeigt, wie zutreffend das entwickelte Modell den Messvorgang beschreibt.

Nachdem die Rekonstruktion im Eindimensionalen beschrieben wurde, wurde gezeigt, dass durch die Bildgebung einer Ebene mittels FFL-Kodierung das empfangene Partikelsignal aus der gesamten Ebene mittels der Diskrete-Winkel-Approximation in viele eindimensionale Partikelsignale aufgeteilt werden kann. Dadurch liegen die Messdaten dann im Radon-Raum vor und die Partikelverteilung pro eindimensionaler Spur kann mit der Rekonstruktion für eindimensionale Signale berechnet werden. Eine inverse Radon-Transformation ergibt dann die Partikelverteilung im Koordinatensystem der Bildgebungsebene. Diese Rekonstruktion war bereits für eine diskret rotierende FFL beschrieben [88, 110] und konnte durch die erwähnte Approximation auf eine kontinuierlich rotierende Linie erweitert werden.

Um den Übergang zu einem realisierbaren Scanner zu erbringen, wurde daraufhin anhand [4] gezeigt, inwiefern eine Überlagerung aus Quadrupol- und Dipolfeldern eine kontinuierlich rotierende und dabei translatierende FFL erzeugt. Diese allgemeine Konfiguration von Elektromagneten wurde dann dahingehend optimiert, dass die Distanz zwischen den generierten Feldern und den für die Rekonstruktionsstrategie notwendigen Feldern und dabei gleichzeitig die Verlustleistung in den feldgenerierenden Elektromagneten minimiert werden. Die freien Parameter der Optimierung waren dabei geometrische und elektromagnetische Parameter der Elektromagneten. Es ergab sich ein Feldgenerator mit insgesamt 24 Spulen und 2 Permanentmagneten, welcher eine FFL mit einen Gradienten von $1{,}08\,\mathrm{T\,m^{-1}}\,\mu_0^{-1}$ generierte.

Der so geplante Feldgenerator wurde implementiert. Um die Multipole mit den für die dynamische FFL-Bildgebung notwendigen Signalformen zu bestromen, war eine spezielle Entwicklung der analogen Filter in den Signalwegen von zentraler Bedeutung. Da die Nichtlinearität des Magnetisierungsverhaltens der Nanopartikel das Empfangssignal verursacht, musste bei der Entwicklung der Elektronik des Scanners zusätzlich präzise auf das Vermeiden von Generierungen von Nichtlinearitäten in den Signalen geachtet werden.

Das Gelingen der Entwicklung von Feldgenerator und Elektronik und eine Bestätigung der zuvor beschriebenen Theorien zeigte sich in den Resultaten der Bildgebung. Die empfangenen eindimensionalen Partikelsignale konnten mit der relaxierenden Ableitung der Langevin-Funktion beschrieben und entfaltet werden. Die Bildgebung mit diskreten Winkeln ergab ein Auflösungsvermögen nach

Entfaltung im Sinne eines FWHM von 5,5 mm bei der Verwendung des Ferrofluids Resovist®.

Ebenfalls konnte durch die Resultate der dynamischen Bildgebung gezeigt werden, dass durch die FFL-MPI-Bildgebung Daten für die Echtzeitbildgebung generiert und in Echtzeit rekonstruiert werden können. Es konnte eine Bildrate von 100 fps erreicht und jedes Bild ohne wahrnehmbare Verzögerung direkt neben dem Feldgenerator angezeigt werden.

# 8 Ausblick

In dieser Arbeit wurde die Machbarkeit von dynamischer FFL-MPI-Bildgebung nachgewiesen und eine Echtzeitrekonstruktion verwirklicht. Zentral dabei war die Modellierung des Magnetisierungsverhaltens der Nanopartikel im Ferrofluid. In diesem Kapitel werden Fragestellungen hinsichtlich der Weiterentwicklung dieses Verfahrens betrachtet.

Das zur Bildgebung genutzte Ferrofluid Resovist® wurde als Kontrastmittel für die MRT-Bildgebung zugelassen. Es ist also generell möglich, biokompatible Ferrofluide zu erstellen, welche eine medizinische Bildgebung mittels MPI ermöglichen. Daher wird MPI in der aktuellen Forschung dahingehend entwickelt, es auf den Menschen anwenden zu können. Diese Entwicklung hat drei wesentliche Zweige, von welchen sich einer mit den Scannern, ein weiterer mit der Rekonstruktion und der dritte mit den Partikeln beschäftigt. Gemeinsames Ziel ist es dabei, eine Bildgebung zu entwickeln, welche eine klinische Anwendung findet. Dazu müssen eine Kombination aus Kosten, Schädlichkeit, Sensitivität, räumlicher und zeitlicher Auflösung und Geschwindigkeit der Rekonstruktion von MPI insgesamt einen Vorteil gegenüber anderen bildgebenden Verfahren bieten.

Das FOV des hier präsentierten Scanners bietet genug Platz für eine Maus. Damit wurde für die Kleintierbildgebung in dieser Arbeit gezeigt, dass MPI durch die Ortskodierung über eine elektronisch rotierende FFL eine hohe zeitliche Auflösung und eine hohe Rekonstruktionsgeschwindigkeit erreicht.

Das wesentlich Potential zur Weiterentwicklung der räumlichen Auflösung liegt in der Nanopartikelforschung. Durch das Nutzten neuer und die Entwicklung erforschter Materialien wie Magnetit besteht ein hohes Potential, die Auflösung zu verbessern, da die Abhängigkeit des gemessenen Signals von den Partikeleigenschaften wesentlich ist.

Das Skalieren eines Scanners auf Menschengröße stellt sich in der aktuellen Forschung als Herausforderung dar. Dabei ist zu beachten, dass bei einem Erhöhen des Gradienten und des FOV auch die Anregungsfeldamplitude linear mit ansteigt. Geht man beispielsweise von einem FFL-Scanner mit einem zu erzielenden Gradienten von $2\,\mathrm{T\,m^{-1}}\,\mu_0^{-1}$ und einem FOV von $400x400\,\mathrm{mm}^2$ aus, was einem klinisch sinnvollen Szenario entsprechen würde, so ergibt sich eine Anregungsfeldstärke von $400\,\mathrm{mT}$. Neben dem gewaltigen Realisierungsaufwand kommt das Problem zu tragen, dass ein so starkes Wechselfeld Spannungen im menschlichen Körper induzieren würde. Dabei fließen Wirbelströme und erhitzen das Gewebe, was in dem Forschungsbereich um die SAR (Spezifische Absorptionsrate) untersucht wird. Ebenfalls führen so hohe Spannungen zu Stimulationen der Ionenkanäle in den menschlichen Nervenbahnen, was als PNS (Periphere Nervenstimulation) bezeichnet wird. Ein genaues Bestimmen der aus SAR und PNS resultierenden Obergrenzen von Feldstärken bei gewissen Anregungsfeldfrequenzen ist noch Gegenstand aktueller Forschung. Es zeichnet sich jedoch der Trend ab, dass die Obergrenze im einstelligen $\mathrm{mT}$-Bereich liegen wird [140, 141, 142], womit die im Beispiel dargestellte Amplitude des Anregungsfeldes bei weitem nicht erreicht wird. Dadurch motiviert werden sogenannte Fokusfelder implementiert, welche den limitierten Messbereich über eine größere Region versetzt. Sollte die Skalierung auf Menschengröße nicht erfolgreich sein, so kann MPI immer noch einen Gewinn für die Kleintierforschung darstellen [E3].

# Abkürzungsverzeichnis

| | |
|---|---|
| ADC | Analog-Digital-Wandler, Analog-Digital-Converter |
| BPF | Bandpassfilter |
| BSF | Bandstopfilter |
| CT | Computertomographie |
| DAC | Digital-Analog-Wandler, Digital-Analog-Converter |
| DIFF | Differentieller Verstärker |
| EFM | Effektives Feld-Modell |
| FFL | feldfreie Linie |
| FFP | feldfreier Punkt |
| fMRT | funktionelle Magnetresonanztomographie |
| FOV | effektiver Messbereich, Field-Of-View |
| FWHM | Halbwertsbreite, Full-Width at Half Maximum |
| IA | Impedanzanpassung |
| LNA | rauscharmer Verstärker, Low-Noise Amplifier |
| LPF | Low-Pass Filter |
| MPI | Magnetic Particle Imaging |
| MRT | Magnetresonanztomographie |
| MTF | Modulationsübertragungsfunktion, Modulation Transfer Function |
| PET | Positronen-Emissions-Tomographie |
| PNS | Periphere Nervenstimulation |
| POM | Polyoxymethylen |
| PSF | Punkt-Spreiz-Funktion |
| SAR | Spezifische Absorptionsrate |
| SNR | Signal-zu-Rausch-Verhältnis, Signal-to-Noise-Ratio |
| SPECT | Einzelphotonen-Emissionscomputertomographie |
| THD | gesamte harmonische Verzerrung, Total Harmonic Distortion |

# Physikalische Größen

$A_\mathsf{k}$ Austauschsteifigkeit

$\mathbf{A}$ magnetisches Vektorpotential

$A$ Amplitude des Anregungsfelds

$\mathbf{B}$ magnetische Flussdichte

$C$ Kapazität

$G$ Gradientenstärke eines Magnetfeldes

$H_\mathsf{D}(t)$ Anregungsfeld

$H_\mathsf{S}(\mathbf{r})$ Selektionsfeld

$H_\mathsf{s}$ Sättigungsmagnetfeldstärke

$\mathbf{H}$ magnetische Feldstärke

$I$ Stromstärke

$\mathbf{J}$ Stromdichte

$K_\mathsf{eff}$ effektive Anisotropiekonstante

$\Lambda(t)$ Zeitfabhängigkeit des Anregungsfeldes

$L$ Induktivität

$M_\mathsf{S}$ Sättigungsmagnetisierung

$\mathbf{M}$ Magnetisierung

$N$ Anzahl von Partikeln im betrachteten Volumen

$\mathbf{\Omega}$ Vortizität

$P_{\mathsf{MB}}(v)$ Maxwell-Boltzmann-Verteilung von Nanopartikelgeschwindigkeiten $v$

$P$ Leistung

$R$ ohmscher Widerstand

$V_{\mathsf{c}}$ Kernvolumen eines magnetischen Partikels

$V$ Volumen

$W(E)$ Boltzmann-Faktor bei Energie $E$

$X$ Reaktanz

$Y_{\mathsf{s}}$ Sättigungsabstand

$Z$ Impedanz

$\mathbf{G}$ Gradientenmatrix

$\mathcal{M}$ reduzierte Magnetisierung

$c$ Konzentration

$\delta_{\mathsf{L}}$ Leiterschichtdicke

$\delta(t)$ Dirac-Impuls

$\epsilon$ Permittivität

$\eta_{\mathsf{M}}$ Viskosität

$f_{\mathsf{T}}$ bzw. $f_{\mathsf{R}}$ Frequenz der FFL-Translation bzw. -Rotation

$\gamma_i$ diskreter Winkel der FFL-Rotation

$\gamma(t)$ kontinuierlich veränderlicher Winkel der FFL-Rotation

$g$ Erdbeschleunigung

$k_{\mathsf{B}}$ Boltzmann-Konstante

$m_{\mathsf{g}}$ Masse eines Partikelkerns

$\mu_0$ magnetische Feldkonstante

$\mu_{\mathsf{P}}$ mikromagnetisches Moment innerhalb eines Partikels

$\mu$ Permeabilität

$m$ magnetisches Moment eines Ein-Domänen Partikels

$n(z)$ Verteilung der Partikel im Medium entlang der $z$-Achse

$\omega_\mathsf{T}$ bzw. $\omega_\mathsf{R}$ Kreisfrequenz der FFL-Translation bzw. -Rotation

$\phi$ Phasenverzögerung zwischen der Magnetisierung im erweiterten Langevin-Modell und der Magnetisierung im Langevin-Modell

$\mathbf{p}$ Sensitivität

$q_i^{\gamma_j}$ Anteil eines Partikelsignals, welches in der i-ten Richtung detektiert wird

$\rho_\mathsf{m}$ Dichte eines flüssigen Mediums

$\rho_\mathsf{n}$ Materialdichte eines Partikelkerns

$\rho(x)$ eindimensionale Partikelverteilung

$\mathbf{r}$ Ortsvektor

$H$ Betrag der Magnetfeldstärke

$\sigma(\mathbf{r})$ räumliche, einheitenlose Verteilungsfunktion von magnetischen Partikeln

$\tau_\mathsf{B}$ Brownsche Relaxationszeit

$\tau_\mathsf{N}$ Néelsche Relaxationszeit

$\tau$ effektive Relaxationszeit im erweiterten Langevin-Modell

$\theta$ Öffnungswinkel einer Schlaufe der radialen Trajektorie

$\tilde{c}$ Lichtgeschwindigkeit im Medium

$\tilde{\rho}(x)$ rekonstruierte, eindimensionale Partikelverteilung

$t$ Zeit

$u(t)$ Spannungssignal

$v_\mathsf{S}$ Sedimentiergeschwindgkeit

$\varepsilon$ maximaler Fehler in der Diskrete-Winkel-Approximation

$v_\mathsf{s}$ Geschwindigkeit eines magnetfeldfreien Punktes

$v$ Nanopartikelgeschwindigkeit

$x_0$ magnetfeldfreier Punkt

$x, y, z$ Raumrichtungen

$\zeta$ Verhältnis von magnetostatischer Energie von Partikeln und mittlerer kinetischer Energie des Mediums

# Eigene Arbeiten

[E1] *K. Bente, G. Bringout, C. Debbeler, K. Gräfe, M. Graeser, M. Grüttner, C. Kaethner, W. Tenner, M. Weber, H. Wojtczyk, T. M. Buzug & K. Lüdtke-Buzug*. Magnetic Particle Imaging - eine Einführung in die Instrumentierung und Bildrekonstruktion. In Proc. der 44. Jahrestagung der Dtsch. Gesellschaft für Medizinische Phys., 95. 2013

[E2] *M. Graeser, M. Ahlborg, A. Behrends, K. Bente, G. Bringout, C. Debbeler, A. von Gladis, K. Grafe, C. Kaethner, S. Kaufmann, K. Ludtke-Buzug, H. Medimagh, J. Stelzner, M. Weber & T. M. Buzug*. A device for measuring the trajectory dependent magnetic particle performance for MPI. In 5th Int. Work. Magn. Part. Imaging, 1–1. IEEE, 2015. doi:10.1109/IWMPI.2015.7107078

[E3] *G. Bringout, J. Stelzner, M. Ahlborg, A. Behrends, K. Bente, C. Debbeler, A. von Gladiss, K. Grafe, M. Graeser, C. Kaethner, S. Kaufmann, K. Ludtke-Buzug, H. Medimagh, W. Tenner, M. Weber & T. M. Buzug*. Concept of a rabbit-sized FFL-scanner. In 5th Int. Work. Magn. Part. Imaging, vol. 59, 1–1. IEEE, 2015. doi:10.1109/IWMPI.2015.7107032

[E4] *H. Medimagh, P. Weissert, G. Bringout, K. Bente, M. Weber, K. Gräfe, A. Cordes & T. M. Buzug*. Artifacts in field free line magnetic particle imaging in the presence of inhomogeneous and nonlinear magnetic fields. *Curr. Dir. Biomed. Eng.*, 1(1), 2015. doi:10.1515/cdbme-2015-0061

[E5] *H. Medimagh, P. Weissert, G. Bringout, K. Bente, M. Weber, K. Grafe, A. Cordes & T. M. Buzug*. Artifacts in field free line magnetic particle imaging. In 5th Int. Work. Magn. Part. Imaging, 1–1. IEEE, 2015. doi:10.1109/IWMPI.2015.7107043

[E6] *M. Graeser, K. Bente, A. Neumann & T. M. Buzug*. Trajectory dependent particle response for anisotropic mono domain particles in magnetic particle imaging. *J. Phys. D. Appl. Phys.*, 49(4):045007, 2016. doi:10.1088/0022-3727/49/4/045007

[E7] *M. Graeser, K. Bente & T. M. Buzug*. Dynamic single-domain particle model for magnetite particles with combined crystalline and shape anisotropy. *J. Phys. D. Appl. Phys.*, 48(27):275001, 2015. doi:10.1088/0022-3727/48/27/275001

[E8] *M. Weber, K. Bente, A. von Gladiss, M. Graeser & T. M. Buzug*. Sequences for real-time magnetic particle imaging. *Curr. Dir. Biomed. Eng.*, 1(1), 2015. doi:10.1515/cdbme-2015-0087

[E9] *K. Bente*. Implementation of a Magnetic Particle Imaging System for a Dynamic Field Free Line, 2013

[E10] *M. Weber, M. Erbe, K. Bente, T. F. Sattel & T. M. Buzug*. Power loss optimized field free line generation for magnetic particle imaging. In Int. Work. Magn. Part. Imaging, 1–1. Universität zu Lübeck, IEEE, 2013. doi:10.1109/IWMPI.2013.6528354

[E11] *M. Weber, M. Erbe, K. Bente, T. F. Sattel & T. M. Buzug*. Scanner Construction for a Dynamic Field Free Line in Magnetic Particle Imaging. *Biomed. Eng. / Biomed. Tech.*, 58(1), 2013. doi:10.1515/bmt-2013-4259

[E12] *M. Weber, K. Bente & T. M. Buzug*. Insight in Scanner Construction for a Dynamical Field Free Line for Magnetic Particle Imaging. In Dtsch. Gesellschaft für Biomed. Tech. Jahrestagung. 2014

[E13] *M. Weber, K. Bente, M. Graeser, T. F. Sattel & T. M. Buzug*. Implementation of a High-Precision 2-D Receiving Coil Set for Magnetic Particle Imaging. *IEEE Trans. Magn.*, 51(2):1–4, 2015. doi:10.1109/TMAG.2014.2331987

[E14] *K. Bente, M. Weber, M. Graeser, T. F. Sattel, M. Erbe & T. M. Buzug*. Electronic Field Free Line Rotation and Relaxation Deconvolution in Magnetic Particle Imaging. *IEEE Trans. Med. Imaging*, 34(2):644–651, 2015. doi:10.1109/TMI.2014.2364891

[E15] *K. Bente, M. Weber, A. von Gladiss, C. Debbeler, K. Ludtke-Buzug & T. M. Buzug*. Sensitivity study for an MPI FFL scanner. In 5th Int. Work. Magn. Part. Imaging, vol. 29, 1–1. IEEE, 2015. doi:10.1109/IWMPI.2015.7107070

# Andere Arbeiten

[1] *B. Gleich & J. Weizenecker*. Tomographic imaging using the nonlinear response of magnetic particles. *Nature*, 435(7046):1214–1217, 2005. doi: 10.1038/nature03808

[2] *J. Weizenecker, B. Gleich, J. Rahmer, H. Dahnke & J. Borgert*. Three-dimensional real-time in vivo magnetic particle imaging. *Phys. Med. Biol.*, 54:L1–L10, 2009. doi:10.1088/0031-9155/54/5/L01

[3] *J. Weizenecker, B. Gleich & J. Borgert*. Magnetic particle imaging using a field free line. *J. Phys. D. Appl. Phys.*, 41(10):105009, 2008. doi:10.1088/0022-3727/41/10/105009

[4] *T. Knopp, T. F. Sattel, S. Biederer & T. M. Buzug*. Field-free line formation in a magnetic field. *J. Phys. A Math. Theor.*, 43(1):012002, 2009. doi:10.1088/1751-8113/43/1/012002

[5] *T. Knopp, M. Erbe, S. Biederer, T. F. Sattel & T. M. Buzug*. Efficient generation of a magnetic field-free line. *Med. Phys.*, 37(7):3538, 2010. doi:10.1118/1.3447726

[6] *M. Erbe, T. Knopp, T. F. Sattel, S. Biederer & T. M. Buzug*. Experimental generation of an arbitrarily rotated field-free line for the use in magnetic particle imaging. *Med. Phys.*, 38(9):5200, 2011. doi:10.1118/1.3626481

[7] *H. Brody*. Medical Imaging. *Nature*, 502(74):S81, 2013

[8] *B. Owens*. Enhanced Medical Vision. *Nature*, 502(7473):S82–S83, 2013

[9] *N. Panagiotopoulos, F. Vogt, J. Barkhausen, T. M. Buzug, R. L. Duschka, K. Lüdtke-Buzug, M. Ahlborg, G. Bringout, C. Debbeler, M. Gräser, C. Kaethner, J. Stelzner, H. Medimagh & J. Haegele*. Magnetic particle imaging: current developments and future directions. *Int. J. Nanomedicine*, 10(1):3097–3114, 2015. doi:10.

2147/IJN.S70488

[10] *P. W. Goodwill, J. J. Konkle, Bo Zheng, E. U. Saritas & S. T. Conolly*. Projection X-Space Magnetic Particle Imaging. *IEEE Trans. Med. Imaging*, 31(5):1076–1085, 2012. doi:10.1109/TMI.2012.2185247

[11] *K. Murase, S. Hiratsuka, R. Song & Y. Takeuchi*. Development of a system for magnetic particle imaging using neodymium magnets and gradiometer. *Jpn. J. Appl. Phys.*, 53(6):067001, 2014. doi:10.7567/JJAP.53.067001

[12] *T. Knopp*. Effiziente Rekonstruktion und alternative Spulentopologien für Magnetic-Particle-Imaging. Dissertation, Institut für Medizintechnik, Universität zu Lübeck, Lübeck, 2011. doi:10.1007/978-3-8348-8129-8

[13] *P. W. Goodwill & S. M. Conolly*. The X-Space Formulation of the Magnetic Particle Imaging Process: 1-D Signal, Resolution, Bandwidth, SNR, SAR, and Magnetostimulation. *IEEE Trans. Med. Imaging*, 29(11):1851–1859, 2010. doi:10.1109/TMI.2010.2052284

[14] *M. I. Shliomis*. Magnetic Fluids. *Sov. Phys.-Usp.*, 17(2):153–169, 1974. doi:10.1038/scientificamerican1082-136

[15] *A. M. Rauwerdink & J. B. Weaver*. Harmonic phase angle as a concentration-independent measure of nanoparticle dynamics. *Med. Phys.*, 37(6):2587–2592, 2010. doi:10.1118/1.3426294

[16] *H. Rogge*. Magnetic Particle Imaging. Diplomarbeit, Institut für Medizintechnik, Universität zu Lübeck, Lübeck, 2011

[17] *L. R. Croft, P. W. Goodwill & S. M. Conolly*. Relaxation in X-Space Magnetic Particle Imaging. *IEEE Trans. Med. Imaging*, 31(12):2335–2342, 2012. doi:10.1109/TMI.2012.2217979

[18] *J. H. Radon*. Über die Bestimmung von Funktionen durch Ihre Integralwerte längs gewisser Mannigfaltigkeiten. *Berichte der Sächsischen Akadamie der Wiss.*, 69:262–277, 1917

[19] *J. Weizenecker, J. Borgert & B. Gleich*. A simulation study on the resolution and sensitivity of magnetic particle imaging. *Phys. Med. Biol.*, 52(21):6363–6374, 2007. doi:10.1088/0031-9155/52/21/001

[20] *R. M. Ferguson, A. P. Khandhar, S. J. Kemp, H. Arami, E. U. Saritas, L. R. Croft, J. Konkle, P. W. Goodwill, A. Halkola, J. Rahmer, J. Borgert, S. M. Conolly & K. M. Krishnan*. Magnetic Particle Imaging with Tailored Iron Oxide Nanoparticle Tracers. *IEEE Trans. Med. Imaging*, 34(5):1077–1084, 2015. doi:

10.1109/TMI.2014.2375065

[21] *K. Lüdtke-Buzug, J. Haegele, S. Biederer, T. F. Sattel, M. Erbe, R. L. Duschka, J. Barkhausen & F. M. Vogt*. Comparison of commercial iron oxide-based MRI contrast agents with synthesized high-performance MPI tracers. *Biomed. Tech. Eng.*, 58(6):527–533, 2013. doi:10.1515/bmt-2012-0059

[22] *K. Lüdtke-Buzug, S. Biederer, M. Erbe, T. Knopp, T. F. Sattel & T. M. Buzug*. Superparamagnetic Iron Oxide Nanoparticles for Magnetic Particle Imaging. In *Magn. Nanoparticles. Part. Sci. Imaging Technol. Clin. Appl.*, 44–50. Singapore: World Scientific Publishing Company, 2010

[23] *D. Eberbeck, C. L. Dennis, N. F. Huls, K. L. Krycka, C. Grüttner & F. Westphal*. Multicore Magnetic Nanoparticles for Magnetic Particle Imaging. *IEEE Trans. Magn.*, 49(1):269–274, 2013. doi:10.1109/TMAG.2012.2226438

[24] *S. K. Banerjee & B. M. Moskowitz*. Ferrimagnetic Properties of Magnetite. In *J. L. Kirschvik, D. S. Jones & B. J. MacFadden*, eds., *Top. Geobiol. Magn. Biominer. Magnetoreception Org.*, vol. 5, 17–41. New York, London: Plenum Press, 1985. doi:10.1007/978-1-4613-0313-8_2

[25] *A. M. Rauwerdink, A. J. Giustini & J. B. Weaver*. Simultaneous quantification of multiple magnetic nanoparticles. *Nanotechnology*, 21(45):455101, 2010. doi:10.1088/0957-4484/21/45/455101

[26] *K. Lüdtke-Buzug, S. Biederer, T. F. Sattel, T. Knopp & T. M. Buzug*. Particle-Size Distribution of Dextran- and Carboxydextran-Coated Superparamagnetic Nanoparticles for Magnetic Particle Imaging. In *World Congr. Med. Phys. Biomed. Eng.*, 226–229. 2009. doi:10.1007/978-3-642-03887-7_63

[27] *C. C. Berry*. Progress in functionalization of magnetic nanoparticles for applications in biomedicine. *J. Phys. D. Appl. Phys.*, 42(22):224003, 2009. doi:10.1088/0022-3727/42/22/224003

[28] *A. Lindemann, K. Lüdtke-Buzug, B. M. Fraederich, K. Graefe, R. Pries & B. Wollenberg*. Biological impact of superparamagnetic iron oxide nanoparticles for magnetic particle imaging of head and neck cancer cells. *Int. J. Nanomedicine*, 9(1):5025, 2014. doi:10.2147/IJN.S63873

[29] *R. P. Feynman*. *Feynman-Vorlesungen über Physik | Band 2 | Elektromagnetismus und Struktur der Materie*. München, Wien: Oldenburg Verlag, 2010

[30] *A. Neumann*. Magnetisierungsverhalten einzelner ferromagnetischer Nanostrukturen. Dissertation, Fachbereichs Physik, Universität Hamburg, Ham-

burg, 2014

[31] *H. Kronmüller & M. Fähnle. Micormagnetism and the Microstructure of Ferromagnetic Solids.* Cambridge: Cambridge University Press, 2003

[32] *R. Skomski. Simple Models of Magnetism.* New York: Oxford University Press, 2008

[33] *A. Aharoni. Introduction to the Theory of Ferromagnetism.* Oxford: Oxford University Press, 2nd edn., 2000

[34] *S. Chikazumi. Physics of Ferromagnetism.* Oxford: Oxford Press, 2009

[35] *J. M. D. Coey. Rare Earth Iron Permanent Magnets.* Oxford: Oxford University Press, 1996

[36] *A. Hubert & R. Schäfer. Magnetic Domains.* Berlin, Heidelberg: Springer, 1998. doi:10.1007/978-3-540-85054-0

[37] *J. FRENKEL & J. DOEFMAN.* Spontaneous and Induced Magnetisation in Ferromagnetic Bodies. *Nature*, 126(3173):274–275, 1930. doi:10.1038/126274a0

[38] *C. Kittel.* Physical Theory of Ferromagnetic Domains. *Rev. Mod. Phys.*, 21(4):541–583, 1949. doi:10.1103/RevModPhys.21.541

[39] *J. Frenkel & J. Dorfman.* Spontaneous and induced magnetisation in ferromagnetic bodies. *Nature*, 126:274, 1930

[40] *S. Bedanta & W. Kleemann.* Supermagnetism. *J. Phys. D. Appl. Phys.*, 42(1):013001, 2009. doi:10.1088/0022-3727/42/1/013001

[41] *C. Kittel.* Theory of the Structure of Ferromagnetic Domains in Films and Small Particles. *Phys. Rev.*, 70(11-12):965–971, 1946. doi:10.1103/PhysRev.70.965

[42] *L. Néel.* . *Comp. Rend.*, 224:1488, 1947

[43] *E. C. Stoner & E. P. Wohlfarth.* A Mechanism of Magnetic Hysteresis in Heterogeneous Alloys. *Philos. Trans. R. Soc. A Math. Phys. Eng. Sci.*, 240(826):599–642, 1948. doi:10.1098/rsta.1948.0007

[44] *W. F. Brown.* Criterion for Uniform Micromagnetization. *Phys. Rev.*, 105(5):1479–1482, 1957. doi:10.1103/PhysRev.105.1479

[45] *W. F. Brown.* The Fundamental Theorem of Fine-Ferromagnetic-Particle Theory. *J. Appl. Phys.*, 39(2):993, 1968. doi:10.1063/1.1656363

[46] *H. Kronmüller*. General Micromagnetic Theory. In *Handb. Magn. Adv. Magn. Mater.* Chichester, UK: John Wiley & Sons, 2007. doi:10.1002/9780470022184.hmm201

[47] *U. Schwertmann & R. M. Cornell*. *The Iron Oxides: Structure, Properties, Reactions, Occurences and Uses*. New York: Wiley-VCH, 2nd edn., 2004. doi: doi:10.1002/3527602097,2003.

[48] *P. W. Goodwill, A. Tamrazian, L. R. Croft, C. D. Lu, E. M. Johnson, R. Pidaparthi, R. M. Ferguson, A. P. Khandhar, K. M. Krishnan & S. M. Conolly*. Ferrohydrodynamic relaxometry for magnetic particle imaging. *Appl. Phys. Lett.*, 98(26):262502, 2011. doi:10.1063/1.3604009

[49] *H. Arami, R. M. Ferguson, A. P. Khandhar & K. M. Krishnan*. Size-dependent ferrohydrodynamic relaxometry of magnetic particle. *Am. Assoc. Phys. Med*, 40(7):1–14, 2013. doi:10.1118/1.4810962

[50] *T. Yoshida, N. B. Othman & K. Enpuku*. Characterization of magnetically fractionated magnetic nanoparticles for magnetic particle imaging. *J. Appl. Phys.*, 114(17):173908, 2013. doi:10.1063/1.4829484

[51] *S. Garzon, Y. Bazaliy, R. A. Webb, M. Covington, S. Kaka & T. M. Crawford*. Macrospin model to explain the absence of preswitching oscillations in magnetic tunnel junctions: Fieldlike spin-transfer torque. *Phys. Rev. B - Condens. Matter Mater. Phys.*, 79(10):100402, 2009. doi:10.1103/PhysRevB.79.100402

[52] *G. K. Batchelor*. *An Introduction to Fluid Dynamics*. Cambridge: Cambridge University Press, 2000. doi:10.1017/CBO9780511800955

[53] *F. Mandl*. *Statistical Physics*. John Wiley & Sons, 2nd edn., 2008

[54] *A. Klenke*. *Wahrscheinlichkeitstheorie*. Berlin, Heidelberg: Springer, 2008

[55] *M. E. Fleet*. The structure of magnetite: Symmetry of cubic spinels. *J. Solid State Chem.*, 62(1):75–82, 1986. doi:10.1016/0022-4596(86)90218-5

[56] *L. B. Kiss, J. Söderlund, G. A. Niklasson & C. G. Granqvist*. New approach to the origin of lognormal size distributions of nanoparticles. *Nanotechnology*, 10(1):25–28, 1999. doi:10.1088/0957-4484/10/1/006

[57] *S. C. Scheid*. Die verallgemeinerte Lognormalverteilung. Diplomarbeit, Fachbereich Statistik, Universität Dortmund, Dortmund, 2001

[58] *L. Néel*. Théorie du traînage magnétique des ferromagnétiques en grains fins avec application aux terres cuites. *Ann. Géophysique*, 5:99–136, 1949

[59] *M. I. Shliomis*. Effective viscosity of magnetic fluids. *Sov. Phys. JETP*, 32(6):1291, 1972

[60] *W. F. Brown*. Thermal Fluctuations of a Single-Domain Particle. *Phys. Rev.*, 130(5):1677–1686, 1963. doi:10.1103/PhysRev.130.1677

[61] *S. Brandt*. *Elektrodynamik*. Berlin: Springer, 2005

[62] *Y. L. Raikher & M. I. Shliomis*. The Effective Field Method in the Orientational Kinetics of Magnetic Fluids and Liquid Crystals. In *Adv. Chem. Phys.*, vol. 87, 595–751. Hoboken, NJ, USA: John Wiley & Sons, 1994. doi:10.1002/9780470141465.ch8

[63] *M. I. Shliomis*. Ferrohydrodynamics: Testing a third magnetization equation. *Phys. Rev. E*, 64(6):060501, 2001. doi:10.1103/PhysRevE.64.060501

[64] *B. U. Felderhof*. Nonlinear response of a dipolar system with rotational diffusion to a rotating field. *Phys. Rev. E*, 66(5):051503, 2002. doi:10.1103/PhysRevE.66.051503

[65] *T. Wawrzik, T. Yoshida, M. Schilling & F. Ludwig*. Debye-Based Frequency-Domain Magnetization Model for Magnetic Nanoparticles in Magnetic Particle Spectroscopy. *IEEE Trans. Magn.*, 51(2):1–4, 2015. doi:10.1109/TMAG.2014.2332371

[66] *L. R. Croft, P. W. Goodwill, J. J. Konkle, H. Arami, D. A. Price, A. X. Li, E. U. Saritas & S. M. Conolly*. Low drive field amplitude for improved image resolution in magnetic particle imaging. *Med. Phys.*, 43(1):424–435, 2016. doi:10.1118/1.4938097

[67] *P. Dirac*. *The Principles of Quantum Mechanics*. Oxford: Clarendon Press, 4th edn., 1958

[68] *J. K. G. Dhont*. *An Introduction to Dynamics of Colloids*. Elsevier Science, 1996

[69] *P. S. Doyle & P. T. Underhill*. Brownian Dynamics Simulations of Polymers and Soft Matter. In *S. Yip*, ed., *Handb. Mater. Model.*, 2619–2630. Dordrecht: Springer Netherlands, 2005. doi:10.1007/978-1-4020-3286-8_140

[70] *T. Schrefl, J. Fidler, D. Suess, W. Scholz & V. Tsiantos*. Micromagnetic Simulation of Dynamic and Thermal Effects. In *I. Y. Liu, D. J. Sellmyer & D. Shindo*, eds., *Handb. Adv. Magn. Mater.*, 128–146. Boston, MA: Springer US, 2006. doi:10.1007/1-4020-7984-2_4

[71] *J. L. García-Palacios & F. J. Lázaro*. Langevin-dynamics study of the dynamical properties of small magnetic particles. *Phys. Rev. B*, 58(22):14937–14958, 1998.

doi:10.1103/PhysRevB.58.14937

[72] *J. Waldron, W. Coffey & Y. P. Kalmykov. The Langevin Equation.* Singapore: World Scientific Publishing Company, 2nd edn., 2004

[73] *H. Risken. The Fokker-Planck Equation*, vol. 18 of *Springer Series in Synergetics*. Berlin, Heidelberg: Springer, 2nd edn., 1989. doi:10.1007/978-3-642-61544-3

[74] *P. Del Moral. Feynman-Kac Formulae.* Probability and its Applications. New York: Springer, 2004. doi:10.1007/978-1-4684-9393-1

[75] *I. Karatzas & S. E. Shreve. Brownian Motion and Stochastic Calculus*, vol. 113 of *Graduate Texts in Mathematics*. New York: Springer, 2nd edn., 1998. doi:10.1007/978-1-4612-0949-2

[76] *A. N. Borodin & P. Salminen. Handbook of Brownian Motion - Facts and Formulae.* Probability and Its Applications. Basel: Birkhäuser, 2nd edn., 2002. doi:10.1007/978-3-0348-8163-0

[77] *J. Rahmer, J. Weizenecker, B. Gleich & J. Borgert.* Signal encoding in magnetic particle imaging: properties of the system function. *BMC Med. Imaging*, 9(4), 2009. doi:10.1186/1471-2342-9-4

[78] *P. Goodwill.* Narrowband and x-Space Magnetic Particle Imaging. Dissertation, Bioengineering, University of California, Berkeley, 2010

[79] *P. W. Goodwill, K. Lu, B. Zheng & S. M. Conolly.* An x-space magnetic particle imaging scanner. *Rev. Sci. Instrum.*, 83(3):033708, 2012. doi:10.1063/1.3694534

[80] *P. Vogel, S. Lother, M. A. Ruckert, W. H. Kullmann, P. M. Jakob, F. Fidler & V. C. Behr.* MRI Meets MPI: A Bimodal MPI-MRI Tomograph. *IEEE Trans. Med. Imaging*, 33(10):1954–1959, 2014. doi:10.1109/TMI.2014.2327515

[81] *T. Wawrzik, C. Kuhlmann, F. Ludwig & M. Schilling.* Scanner setup and reconstruction for three-dimensional magnetic particle imaging. In *J. B. Weaver & R. C. Molthen*, eds., *Proc. SPIE*, vol. 8672, 86721B. 2013. doi:10.1117/12.2006392

[82] *S. Biederer, T. Sattel, T. Knopp, K. Lüdtke-Buzug, B. Gleich, J. Weizenecker, J. Borgert & T. M. Buzug.* A Spectrometer for Magnetic Particle Imaging. In *Int. Fed. Med. Biol. Eng.*, 2313–2316. 2009. doi:10.1007/978-3-540-89208-3_555

[83] *M. Graeser, T. Knopp, M. Gruttner, T. F. Sattel, G. Bringout, W. Tenner, H. Wojtczyk & T. M. Buzug.* Cancellation techniques for MPI. In *Int. Work. Magn. Part. Imaging*, vol. 435, 7046. IEEE, 2013. doi:10.1109/IWMPI.2013.6528331

[84] *B. Giovanni & R. Sorrentino*. *Electronic filter simulation & design*. New York: McGraw-Hill, 2007

[85] *A. J. den Dekker & A. van Den Bos*. Resolution: a survey. *J. Opt. Soc. Am. A*, 14(3):547–557, 1997. doi:10.1364/JOSAA.14.000547

[86] *W. V. Houston*. A Compound Interferometer for Fine Structure Work. *Phys. Rev.*, 29(3):478–484, 1927. doi:10.1103/PhysRev.29.478

[87] *R. M. Ferguson & K. R. Minard*. Optimizing magnetite nanoparticles for mass sensitivity in magnetic particle imaging. *Med. Phys.*, 38(3):1619–1626, 2011. doi:10.1118/1.3554646

[88] *T. Knopp, M. Erbe, T. F. Sattel, S. Biederer & T. M. Buzug*. A Fourier slice theorem for magnetic particle imaging using a field-free line. *Inverse Probl.*, 27(9):095004, 2011. doi:10.1088/0266-5611/27/9/095004

[89] *H. H. Barrett & K. Myers*. *Foundations of Image Science*. New York: Wiley Interscience, 2003

[90] *K. Schmidt, O. Sterz & R. Hiptmair*. Estimating the Eddy-Current Modeling Error. *IEEE Trans. Magn.*, 44(6):686–689, 2008. doi:10.1109/TMAG.2008.915834

[91] *A. Buffa, H. Ammari & J. C. Nédélec*. A Justification of Eddy Currents Model for the Maxwell Equations. *SIAM J. Appl. Math.*, 60(5):1805–1823, 2000. doi:10.1137/S0036139998348979

[92] *A. ALONSO*. A MATHEMATICAL JUSTIFICATION OF THE LOW-FREQUENCY HETEROGENEOUS TIME-HARMONIC MAXWELL EQUATIONS. *Math. Model. Methods Appl. Sci.*, 09(03):475–489, 1999. doi:10.1142/S0218202599000245

[93] *W. Demtröder*. *Experimentalphysik, Band 2: Elektrizität und Opti*. Berlin: Springer, 2nd edn., 1999

[94] *N. Smith*. Reciprocity principles for magnetic recording theory. *IEEE Trans. Magn.*, 23(4):1995–2002, 1987. doi:10.1109/TMAG.1987.1065184

[95] *W. Hänsel*. Magnetische Mikrofallen für Rubidiumatome. Dissertation, Fakultät für Physik, Ludwig-Maximilians-Universität, München, 2000

[96] *G. Bringout & T. M. Buzug*. A robust and compact representation for magnetic fields in magnetic particle imaging. In *Biomed. Eng. / Biomed. Tech.*, 646–650. 2014. doi:10.1515/bmt-2014-5009

[97] *T. Knopp, S. Biederer, T. Sattel, J. Weizenecker, B. Gleich, J. Borgert & T. M. Buzug*. Trajectory analysis for magnetic particle imaging. *Phys. Med. Biol.*, 54(2):385–397, 2009. doi:10.1088/0031-9155/54/2/014

[98] *A. Weber & T. Knopp*. Symmetries of the 2D magnetic particle imaging system matrix. *Phys. Med. Biol.*, 60(10):4033–4044, 2015. doi:10.1088/0031-9155/60/10/4033

[99] *S. Kaczmarz*. Angenäherte Auflösung von Systemen linearer Gleichungen. *Bull. Int. l'Académie Pol. des Sci. des Lettres. Cl. des Sci. Mathématiques Nat. Série A, Sci. Mathématiques*, 35:355–357, 1937

[100] *T. Knopp, S. Biederer, T. Sattel & T. M. Buzug*. Singular value analysis for Magnetic Particle Imaging. In *Nucl. Sci. Symp. Conf. Rec. 2008. NSS '08. IEEE*, 4525–4529. 2008. doi:10.1109/NSSMIC.2008.4774296

[101] *T. M. Buzug*. *Computed Tomography From Photon Statistics to Modern Cone-Beam CT*. Berlin, Heidelberg: Springer, 2008

[102] *T. Knopp, T. F. Sattel, S. Biederer, J. Rahmer, J. Weizenecker, B. Gleich, J. Borgert & T. M. Buzug*. Model-based reconstruction for magnetic particle imaging. *IEEE Trans. Med. Imaging*, 29(1):12–18, 2010. doi:10.1109/TMI.2009.2021612

[103] *M. Graeser, A. von Gladiss, P. Szwargulski, M. Ahlborg, T. Knopp & T. M. Buzug*. Reconstruction of Experimental 2D MPI Data using a Hybrid System Matrix. In *6th Int. Work. Magn. Part. Imaging*, 130. 2016

[104] *A. Halkola, J. Rahmer, B. Gleich, J. Borgert & T. Buzug*. System calibration unit for magnetic particle imaging: System matrix. In *Int. Work. Magn. Part. Imaging*, 1–1. IEEE, 2013. doi:10.1109/IWMPI.2013.6528344

[105] *A. Halkola, T. Buzug, J. Rahmer, B. Gleich & C. Bontus*. System Calibration Unit for Magnetic Particle Imaging: Focus Field Based System Function. In *T. Buzug & J. Borgert*, eds., *Springer Proc. Phys. 140 Magn. Part. imaging; a Nov. SPIO nanoparticle imaging Tech.*, 27–31. Heidelberg, London: Springer, 2012. doi:10.1007/978-3-642-24133-8_5

[106] *M. Gruettner, M. Graeser, S. Biederer, T. F. Sattel, H. Wojtczyk, W. Tenner, T. Knopp, B. Gleich, J. Borgert & T. M. Buzug*. 1D-image reconstruction for magnetic particle imaging using a hybrid system function. *2011 IEEE Nucl. Sci. Symp. Conf. Rec.*, 2545–2548, 2011. doi:10.1109/NSSMIC.2011.6152687

[107] *T. Knopp & A. Weber*. Sparse Reconstruction of the Magnetic Particle Imaging System Matrix. *IEEE Trans. Med. Imaging*, 32(8):1473–1480, 2013. doi:10.1109/

TMI.2013.2258029

[108] *J. Lampe, C. Bassoy, J. Rahmer, J. Weizenecker, H. Voss, B. Gleich & J. Borgert.* Fast reconstruction in magnetic particle imaging. *Phys. Med. Biol.*, 57(4):1113–1134, 2012. doi:10.1088/0031-9155/57/4/1113

[109] *A. V. Gladiß, M. Ahlborg, T. Knopp & T. M. Buzug.* Compressed Sensing of the System Matrix and Magnetic Particle Imaging. *IEEE Trans. Magn.*, 51(2):6501304, 2015

[110] *M. Erbe.* Field Free Line Magnetic Particle Imaging. Dissertation, Institut für Medizintechnik, Universität zu Lübeck, Lübeck, 2013

[111] *T. Knopp, S. Biederer, T. F. Sattel, M. Erbe & T. M. Buzug.* Prediction of the spatial resolution of magnetic particle imaging using the modulation transfer function of the imaging process. *IEEE Trans. Med. Imaging*, 30(6):1284–1292, 2011. doi:10.1109/TMI.2011.2113188

[112] *W. A. Kalender, R. Hebel & J. Ebersberger.* Reduction of CT artifacts caused by metallic implants. *Radiology*, 164(2):576–577, 1987. doi:10.1148/radiology.164.2.3602406

[113] *E. Meyer, F. Bergner, R. Raupach, T. Flohr & M. Kachelriess.* Normalized metal artifact reduction (NMAR) in computed tomography. *2009 IEEE Nucl. Sci. Symp. Conf. Rec.*, 37(10):3251–3255, 2009. doi:10.1109/NSSMIC.2009.5401721

[114] *J. W. Stayman, Y. Otake, J. L. Prince, A. J. Khanna & J. H. Siewerdsen.* Model-Based Tomographic Reconstruction of Objects Containing Known Components. *IEEE Trans. Med. Imaging*, 31(10):1837–1848, 2012. doi:10.1109/TMI.2012.2199763

[115] *M. Oehler & T. M. Buzug.* Statistical image reconstruction for inconsistent CT projection data. *Methods Inf. Med.*, 46(3):261–269, 2007

[116] *M. Stille, M. Kleine, J. Hagele, J. Barkhausen & T. M. Buzug.* Augmented Likelihood Image Reconstruction. *IEEE Trans. Med. Imaging*, 35(1):158–173, 2016. doi:10.1109/TMI.2015.2459764

[117] *A. Mouton, N. Megherbi, K. Van Slambrouck, J. Nuyts & T. P. Breckon.* An experimental survey of metal artefact reduction in computed tomography. *J. Xray. Sci. Technol.*, 21(2):193–226, 2013. doi:10.3233/XST-130372

[118] *G. Bringout, M. Ahlborg, M. Gräser, C. Kaethner, J. Stelzner, W. Tenner, H. Wojtczyk & T. M. Buzug.* Shielded Drive Coils for a Rabbit Sized FFL Scanner. In *4th Int. Work. Magn. Part. Imaging*, 98. Berlin, 2014

[119] *G. Bringout, K. Grafe & T. M. Buzug.* Performance of Shielded Electromagnet-Evaluation Under Low-Frequency Excitation. *IEEE Trans. Magn.*, 51(2):5300604, 2015. doi:10.1109/TMAG.2014.2329396

[120] *K. Lu, P. Goodwill, B. Zheng & S. Conolly.* Reshaping the 2D MPI PSF to be isotropic and sharp using vector acquisition and equalization. In *5th Int. Work. Magn. Part. Imaging*, 1–1. IEEE, 2015. doi:10.1109/IWMPI.2015.7106994

[121] *P. W. Goodwill & S. M. Conolly.* Multidimensional X-Space Magnetic Particle Imaging. *IEEE Trans. Med. Imaging*, 30(9):1581–1590, 2011. doi:10.1109/TMI.2011.2125982

[122] *T. M. Buzug, G. Bringout, M. Erbe, K. Gräfe, M. Graeser, M. Grüttner, A. Halkola, T. F. Sattel, W. Tenner, H. Wojtczyk, J. Haegele, F. M. Vogt, J. Barkhausen & K. Lüdtke-Buzug.* Magnetic particle imaging: Introduction to imaging and hardware realization. *Z. Med. Phys.*, 22(4):323–334, 2012. doi:10.1016/j.zemedi.2012.07.004

[123] *G. Bringout & T. M. Buzug.* Coil Design for Magnetic Particle Imaging: Application for a Preclinical Scanner. *IEEE Trans. Magn.*, 51(2):1–8, 2015. doi:10.1109/TMAG.2014.2344917

[124] *M. Erbe, T. F. Sattel & T. M. Buzug.* Improved field free line magnetic particle imaging using saddle coils. In *Biomed. Tech.*, vol. 58, 577–582. 2013. doi:10.1515/bmt-2013-0030

[125] *M. Erbe, M. Weber, T. F. Sattel & T. M. Buzug.* Experimental Validation of an Assembly of Optimized Curved Rectangular Coils for the Use in Dynamic Field Free Line Magnetic Particle Imaging. *Curr. Med. Imaging Rev.*, 9(2):89–95, 2013. doi:10.2174/1573405611309020003

[126] *D. Lobb.* Properties of some useful two-dimensional magnetic fields. *Nucl. Instruments Methods*, 64(3):251–267, 1968. doi:10.1016/0029-554X(68)90161-4

[127] *I. N. Bronstein & K. A. Semendjajew.* *Taschenbuch der Mathematik.* Leipzig, Moskau: BSB B. G. Teubner Verlagsgesellschaft, Nauka-Verlag, 19te edn., 1979

[128] *J. B. Hagen.* *Radio-Frequency Electronics.* Cambridge: Cambridge University Press, 2009

[129] *W. Brauch, H.-J. Dreyer & W. Haacke.* *Mathematik für Ingenieure.* Vieweg+Teubner, 2006

[130] *T. F. Sattel, S. E. Heinitz, M. Erbe & T. M. Buzug.* Experimental setup of receive

coils with transaxial sensitivity profiles. In *Int. Work. Magn. Part. Imaging*, 1–1. IEEE, 2013. doi:10.1109/IWMPI.2013.6528355

[131] *R. Morrison*. *Grounding and shielding techniques in instrumentation*. New York: John Wiley & Sons, 3rd edn., 1986

[132] *A. J. Schwab & W. Kürner*. *Elektromagnetische Verträglichkeit*. Berlin, Heidelberg, New York: Springer, 2007. doi:10.1007/978-3-642-16610-5

[133] *F. Joachim*. *EMV*, vol. 1. Wiesbaden: Vieweg+Teubner, 2011. doi:10.1017/CBO9781107415324.004

[134] *H. B. Callen & T. A. Welton*. Irreversibility and Generalized Noise. *Phys. Rev.*, 83(1):34–40, 1951. doi:10.1103/PhysRev.83.34

[135] *E. Lenz*. Ueber die Bestimmung der Richtung der durch elektrodynamische Vertheilung erregten galvanischen Ströme. *Ann. der Phys. und Chemie*, 107(31):483–494, 1834. doi:10.1002/andp.18341073103

[136] *K. Küpfmüller, W. Mathis & A. Reibiger*. *Theoretische Elektrotechnik*. Berlin, Heidelberg: Springer, 2013

[137] *M. Weber*. Power Loss Optimized Field Free Line Generation for Magnetic Particle Imaging, 2012

[138] Data sheet, Bajog electronic: GB.E2.100A.AB.26.x.08, 2013

[139] *D. Eberbeck, F. Wiekhorst, S. Wagner & L. Trahms*. How the size distribution of magnetic nanoparticles determines their magnetic particle imaging performance. *Appl. Phys. Lett.*, 98(18):182502, 2011. doi:10.1063/1.3586776

[140] *G. Bringout & T. M. Buzug*. Induced electrical fields on a human body by various magnetic field topologies in the light of peripheral nerve stimulation thresholds. In *th Int. Work. Magn. Part. Imaging*, vol. 55, 1–1. IEEE, 2015. doi:10.1109/IWMPI.2015.7107077

[141] *I. Schmale, B. Gleich, J. Rahmer, C. Bontus, J. Schmidt & J. Borgert*. MPI Safety in the View of MRI Safety Standards. *IEEE Trans. Magn.*, 51(2):1–4, 2015. doi:10.1109/TMAG.2014.2322940

[142] *O. Dössel & J. Bohnert*. Safety considerations for magnetic fields of 10 mT to 100 mT amplitude in the frequency range of 10 kHz to 100 kHz for magnetic particle imaging. *Biomed. Tech. Eng.*, 58(6):611–21, 2013. doi:10.1515/bmt-2013-0065

# Index